ABHANDLUNGEN

AUS DEM

STAATSWISSENSCHAFTLICHEN SEMINAR

ZU

STRASSBURG i. E.

HERAUSGEGEBEN

VON

G. F. KNAPP UND W. WITTICH.

HEFT XXXIII.

JOHANNES WOLTER:

DAS STAATLICHE GELDWESEN ENGLANDS ZUR ZEIT DER BANK-RESTRICTION

(1797 BIS 1821).

STRASSBURG

VERLAG VON KARL J. TRÜBNER

1917

DAS STAATLICHE GELDWESEN ENGLANDS
ZUR ZEIT DER BANK-RESTRICTION
(1797 bis 1821.)

VON

JOHANNES WOLTER.

STRASSBURG.
KARL J. TRÜBNER.
1917.

Druck von M. DuMont Schauberg, Straßburg.

Vorwort.

Mit der vorliegenden Arbeit stelle ich mich in den Kreis der Schüler Georg Friedrich Knapps, welche die Geldsysteme der verschiedensten Staaten nach der „Staatlichen Theorie des Geldes" erklärt haben. Zur Untersuchung gewählt wurde die Zeit jener bekannten „Bank-Restriction", deren Wirkung auf das Geldwesen des englischen Staates ohne Präzedensfall war und daher eine Fülle von Fachliteratur zeitigte. Aus dieser war naturgemäß nur wenig die Untersuchung Förderndes zu entnehmen. Als hauptsächlichstes Material dienten die Gesetzsammlungen und staatlichen Verordnungen sowie Erlasse halbamtlichen Charakters in den Zeitungen. Unter freundlichster Unterstützung meines in Dankbarkeit verehrten Lehrers, des Herrn Professors Dr. Knapp, ist die Arbeit im staatswissenschaftlichen Seminar in Straßburg i. Els. entstanden. Sie war bereits im Anfang 1914 abgeschlossen. Durch den Krieg ist ihr Erscheinen bis jetzt verzögert worden.

Straßburg i. Els., im Dezember 1916.

Johannes Wolter.

INHALT.

EINLEITUNG.

I. ABSCHNITT.

II. ABSCHNITT.

III. ABSCHNITT.

IV. ABSCHNITT.

SCHLUSS.

BENUTZTE SCHRIFTEN.

Hume, Smollet, Hughes: History of England.

Tooke, Th.: A history of prices and of the state of circulation from 1793—1837.

Considerations on the state of the currency. 1826.

Thornton, H.: The paper-credit of Great-Britain.

Lord King: Thoughts on the restriction of payments in specie at the Bank of England.

Francis, John: History of the Bank of England, its times and traditions

Warren, H.: The story of the Bank of England.

Turner, B. B.: Chronicles of the Bank of England.

Norton, Edward: National finance and currency.

Joplin, T.: An essay on the general principles and present practice of banking in England and Scotland.

Cotton, W.: Rules and orders of the Bank of England . . . 1850.

Liverpool, Ch.: A treatise on the coins of the realm . . . . II. Ed. 1846.

Ricardo, D.: The high price of bullion a proof of the depreciation of money.

Boyd, Walter: A letter to the right honourable William Pitt on the influence of the stoppage if issues in specie at the Bank of England on the prices of provisions . . . . 1801.

Andréadès, A.: Essai sur la fondation et l'histoire de la Banque d'Angleterre (1694—1844).

Kleinschrod, C. Th.: Großbritanniens Gesetzgebung über Gewerbe, Handel und innere Kommunikationsmittel.

Philippovich von Philippsberg, E.: Die Bank von England im Dienste der Finanzverwaltung des Staates.

Jaffé, E.: Das englische Bankwesen.

Ruding, Rogers: Annals of the coinage of Great Britain and its dependencies. 1840.

Schuster, Felix: The Bank of England and the State. 1905.

Geffcken, H.: Zur Bankfrage. Hamburg. 1856.

Statutes at large.

Parliamentary history of England (Hansard's Parliamentary Debates).

The Gentleman's Magazine. Jahrgänge 1795—1821.

EINLEITUNG.

DER RECHTSZUSTAND DES ENGLISCHEN GELDES IM ANFANG DES JAHRES 1797.

Eine Zeit politischer Notlage und wirtschaftlichen Tiefstandes, eine Periode fast unübersichtlicher Zerrüttung haben wir uns ausgewählt. Eine Zeitspanne äußerlich markant abgeschlossen durch Ereignisse von so unerhörter Neuheit für die damalige Zeit, daß eine Flut von literarischen Erzeugnissen geradezu unausbleiblich war.

Jene bekannte Zeit von 1797 bis 1823 haben wir zum Gegenstand unserer Untersuchung gemacht, während welcher in England die „Bank-Restriction" herrschte, d. h. die Bank von England gesetzlich gehindert war, ihre Noten, wie bis dahin üblich und gesetzlich vorgeschrieben gewesen war, auf Verlangen im valutarischen Gelde zu bezahlen.

Diese Begrenzung unserer Arbeit haben wir aber nicht allein wegen der äußerlichen Umrahmung durch die Einstellung und Wiederaufnahme der Noteneinlösung der Bank von England (1797 und 1823) gewählt, sondern deshalb, weil mit ihr besonders einschneidende funktionelle Änderungen im gesamten Geldwesen Englands eintraten bzw. zum Abschluß gebracht wurden.

Zur Erleichterung der Verfolgung der einzelnen geldgeschichtlichen Vorgänge greifen wir auf das Jahr 1796 zurück, um als Basis für den weiteren Ausbau der Entwicklung des englischen Geldwesens den rechtlichen Zustand desselben in kurz zusammenfassendem Überblick klarzulegen.

Bevor wir jedoch hiermit beginnen, wollen wir noch erwähnen, daß für Schottland seit 1707 das gleiche Geld und Geldrecht galt wie für England. Das hier Auszuführende ist daher gleichzeitig für Schottland mit gültig.

Irland dagegen hatte sein eigenes Geldsystem.

Und um die Einheitlichkeit unserer Arbeit zu wahren, haben wir davon Abstand genommen, Irland mit hereinzubeziehen. Um so lieber, als bei der Reichhaltigkeit des Stoffes das irische Geldwesen uns sehr wohl geeignet für eine besondere Betrachtung als Einzelarbeit erscheint. Mit ausschlaggebend für die Ausscheidung Irlands aus unserer Übersicht war der Umstand, daß nach der Verschmelzung Irlands mit England (1801) ein gemeinsames Geldwesen angestrebt und allmählich geschaffen wurde und die vier vor dieser Union liegenden Jahre, die in unsere Periode fallen, uns ein völliges Aufrollen der gesamten irischen geldrechtlichen Situation im Interesse des klaren Überblickes nicht ratsam erscheinen lassen.

1. DAS METALLOPLATISCHE GELD.

a) Das Goldgeld.

In England bestand Goldwährung. Goldgeld war durch Gesetz in valutarische Stellung gerückt worden, d. h. der Staat hatte als letztes endgültiges Geld für seine (apozentrischen) Zahlungen Goldgeld im Vorrat zu halten die Absicht. Zuletzt im Jahre 1774 hatte er auch eine Neuprägung seines Goldgeldes vorgenommen und dabei zu dessen Sicherung vereinzelte Verbesserungen angebracht.

Dieses Goldgeld war von Standardfeinheit. Das bedeutet, daß 11 oz. Feingoldes auf 1 Pfund Münzgold (12 oz.) kamen oder, was dasselbe ist, Standardgold war 220/240 fein.

Ausgebracht wurde das valutarische Geld in Form von Guineen, nach dem Münzfuß: 44½ Stück auf ein Troypfund Standardgold.

Und eine Guinea war auf 21 sh. begültigt.

Von diesen Goldmünzen waren ursprünglich folgende Stückelungen vorgesehen:

Guineas, Halfguineas, Quarter-Guineas und Sevenshillingpieces. Nach ihrem Erscheinen stellten sich jedoch die Quarter-Guineas als unpraktisch heraus und wurden von der Bank von England im Auftrage des Staates stillschweigend eingezogen, d. h. sie nahm die angebotenen Stücke an, gab sie aber nicht wieder aus, so daß Quarter-Guineas aus dem Umlauf allmählich verschwanden.

Von den Sevenshillingpieces wurde zwar ein Entwurf hergestellt und probeweise wurden auch einige Stücke geschlagen, aber in den Verkehr wurden sie nicht gegeben. Dies geschah erst durch Proklamation vom 29. November 1797.

Gold war hylisches Metall. Jedermann konnte also jede beliebige Menge Goldes von Standardfeinheit zur Ausprägung an die Münzstätte bringen. Er erhielt dagegen für jede Unze Lst. 3 : 17 : 10½.

Natürlich wird niemand, der rechnen konnte, Gold zu niedrigerem Preise abgegeben haben, wenn er diesen Betrag für eine Unze Standardgold an der Münze jederzeit zu erhalten vermochte. Und da Gold hylisch war, so war die Münze tatsächlich jederzeit zur Annahme von Gold für den obengenannten Preis verpflichtet und bereit.

Diese Hylolepsie für Gold sicherte im Staate also eine feste, untere Preisgrenze für dieses Metall. Unter diese feste Grenze, unter den Münzpreis also, konnte der Marktpreis für Gold nicht sinken.

Hatte man damit auch schon etwas Wesentliches erreicht, so fehlte doch noch die Festlegung der oberen Preisgrenze. Dabei ist es klar, daß diese sich nicht allzu weit von der unteren entfernen durfte, wollte man die Münzstätte nicht einer erfolgreichen Konkurrenz des Marktes aussetzen und ihr die Möglichkeit nehmen, für den Münzpreis Verkäufer von Gold zu finden.

Man glaubte jedoch auch diese obere Grenze stabilisiert zu haben. Der Staat erhob nämlich keinen Schlagschatz; er belastete nicht den Verkehr mit den Prägekosten, sondern übernahm diese auf sich und brachte die Goldmünzen unter Übereinstimmung des spezifischen Gehalts mit der hylogenischen Norm vollwichtig heraus.

Die valutarische Stellung des Goldgeldes hatte die Möglichkeit für jedermann zur Folge, durch Entgegennahme einer apozentrischen Zahlung sich Gold zu verschaffen; der Hylophantismus für Gold war dadurch jedoch nicht gewährleistet.

Wohl konnte ein Verkäufer von Standardgold an der Münzstätte für jede Unze Lst. 3 : 17 : 10½, also für ein Troypfund (12 Unzen) 12mal soviel oder 934½ Schillinge erhalten. Und anderseits war er sicher, mit einer apozentrischen Zahlungsleistung von 44½ Guineen (nach der Begültigung zu 21 sh. — 934½ sh.) gemäß dem Ausprägungsfuß (Münzfuß) wiederum 1 Troypfund Standardgold sich verschaffen zu können.

Gleichwohl aber war es, so merkwürdig es auch scheinen mag, nicht gelungen, die obere Preisgrenze für das hylische Metall, Gold, ein für allemal festzulegen.

Das lag in der Hauptsache daran, daß der Staat es versäumt hatte, einige alte Gesetze, die die freie, in das Belieben des Inhabers gestellte Verwendung des Metallgeldes ausschlossen, aufzuheben. Dadurch wurde ein wesentliches Merkmal des valutarischen Geldes ausgeschaltet, woran die ganze Hylodromie scheitern mußte[1]).

Es gab für Gold zwar einen festen tiefsten Preis, aber nach oben hin waren Schwankungen möglich. Es dürfte das Bestreben eines jeden Staates sein, ein Zusammenfallen beider Preisgrenzen zu erzwingen und nach Möglichkeit sich zu erhalten.

England hat auch bald erkannt, daß es ihm nicht gelungen war, Herr über den Markt für sein hylisches Metall zu werden. Immer wieder unternahm es Versuche, das Versäumte nachzuholen, doch immer erwiesen sich die Versuche zunächst als nicht ausreichend. Der rechte Weg wurde erst vom Jahre 1816 ab beschritten.

Bei der letzten Neuprägung der Goldmünzen, also 1774, hatte die Regierung einer zu großen Abnutzung nach Möglich-

---

[1]) Näheres siehe § 5. Die Folgen des Mangels an Einrichtungen für die Befestigung des Goldpreises.

keit durch Festsetzung eines Passiergewichts vorgebeugt. Es war nämlich bestimmt worden, daß eine Fehlergrenze im Gewicht von 40 grains auf ein Pfund gestattet sein solle.

Danach betrug das Passiergewicht für

1 Guinea	5 dwts.	8 gr.
1 Half-Guinea	2 „	16 „
1 Quarter-Guinea	1 „	8 „
1 Seven-Shilling-Piece	1 „	18 „ ,

während die frisch aus der Münze kommenden Guineen 5 dwts. 9 39/89 gr. wogen und ihre kleineren Stückelungen proportional hierzu geprägt worden waren.

Stücke, welche dieses Passiergewicht nicht mehr besaßen, waren dadurch von selbst demonetisiert. Sie hörten auf, Geld zu sein und wurden dem Inhaber zurückgegeben, der sie lytrisch nicht mehr verwenden durfte.

Unter der Regierung Georgs III. waren

bis 1780	Lst.	30 457 805 : — : —
von 1780 bis zum Schluß von 1802 .	„	33 310 832 : — : —
von 1802 bis zum 25. März 1810 . .	„	2 445 253 : — : —

in Gold geprägt worden.

b) Das Silbergeld.

Der rechtliche Zustand des Silbergeldes stellt sich für das Jahr 1796 folgendermaßen dar:

Seit dem Gesetz vom Jahre 1774[1]) ist Silbergeld bares Scheidegeld. Es hat Annahmezwang nur bis zum Betrage von Lst. 25.

Bis zum Höchstbetrage von Lst. 25 : — : — war jedermann verpflichtet, Silbermünzen ihrer chartalen Geltung entsprechend auch im parazentrischen Verkehr in Zahlung zu nehmen.

Handelte es sich um mehr als Lst. 25 in Silber, so schaltete

[1]) Statute 14 Geo. III. ch. 42.

Absatz II des genannten Gesetzes die Chartalität aus und bestimmte, daß die Gesamtheit der dargebotenen Münzen gewogen und für jedes Troypfund dieser Silberstücke 12 mal 5 sh. 2 d., also 62 Schillinge gezahlt werden sollten.

Dadurch büßten die Silbermünzen für diesen überkritischen Betrag ihre Eigenschaft als Geld ein; sie wurden dechartalisiert. Immerhin aber blieben sie auch für diese Beträge noch ein Zahlungsmittel, nämlich ein morphisch-pensatorisches.

Dabei war ihre Annahme gleichwohl obligatorisch! Denn der erwähnte II. Absatz von Statute 14 Geo. III. ch. 42 lautet in der Übersetzung: „Es wird bestimmt, daß bei einem Zahlungsangebot von Silbermünzen des Königreichs für Beträge von mehr als Lst. 25 auf einmal diese Münzen in Großbritannien und Irland nur nach ihrem Gewichtswert, berechnet zu 5 sh. 2 d. p. oz., als gesetzliches Zahlungsmittel gelten sollen und daß niemand, an den ein solches Angebot ergangen ist, irgendwie gehalten oder verpflichtet sein soll, sie anders als angegeben in Zahlung zu nehmen."

Niemand brauchte also in solchem Falle die Stücke nach ihrer Begültigung in Zahlung zu nehmen. Niemand konnte jedoch die Annahme beliebig großer Beträge in Silber bei pensatorischer Zuteilung geprägter Staatsmünzen verweigern.

Nun konnte es sich wohl ereignen, daß einmal ein derartig überkritischer Betrag an Silbermünzen vollwichtig war, sodaß die pensatorische Verwendung in der Wirkung der chartalen Begültigung gleichkam.

Aber selbst in diesem Falle war die Summe der Silberstücke nicht Geld; denn sie wurden für den Betrag nicht angenommen, weil dieser durch ihre chartale Geltung geschaffen wurde, sondern weil zufällig ihr Gewicht diesem Betrage entsprach.

Praktischen Gebrauch von dieser Art Zahlungsmittel würde höchstens jemand gemacht haben, der sich aus irgend welchen Gründen eines größeren Vorrats völlig neuer, noch nicht abgenutzter Silberstücke hätte entledigen wollen. Denn bei Vollwichtigkeit hätte er 62 Schillinge zu einem Pfund Troy vereinigen können und dafür bei pensatorischer Zahlung den genauen Gegenwert in irgend einer anderen Geldart zu erhalten vermocht.

Sobald aber die einzelnen Münzen abgenutzt waren, hätte sich bei größeren Mengen ein recht fühlbarer Gewichtsausfall ergeben müssen, der den Inhaber wohl veranlaßt haben würde, einzelne Ausgaben der Münzen bis zur Höhe von Lst. 25 einer Massenabgabe vorzuziehen, wollte er nicht empfindlichen Schaden erleiden.

Obgleich das Gesetz nichts Näheres darüber angibt, darf man wohl als selbstverständlich annehmen, daß diese für den anepizentrischen Verkehr gezogene Zahlungs-Höchstgrenze für Silbergeld bei der staatlichen Akzeptation nicht in Frage kam. An den öffentlichen Kassen des Staates als des Emittenten dürften die Silbermünzen in jedem Betrage für Zahlungen angenommen worden sein.

Über die genetischen und platischen Verhältnisse des Silbergeldes ist nur wenig zu sagen.

Silber war ebenso wie Gold zunächst noch hylisch; denn jedermann hatte das Recht, es an die Münze zur Ausprägung einzuliefern.

Aus der Tatsache, daß diese beiden Metalle gleichzeitig hylisch waren, folgern zu wollen, daß 1796 noch Bimetallismus bestanden hätte, wäre jedoch irrig; denn es bestand nur eine einzige Geldart als Kurantgeld, nämlich das Gold, während das Silber, wie schon gesagt, nur Scheidegeld war.

Den Standard für Silber ist von demjenigen des Goldes verschieden. Ein Troypfund Standardsilbers bestand aus 11 oz. 2 dwts. Feinsilber und 18 dwts. „alloy“ (Legierung), es war also 222/240 fein.

Für 1 Troypfund Standardsilbers zahlte die Münze 62 Schillinge.

Es bestand also auch Hylolepsie für Silber. Aber, da Silber nicht valutarisch und damit nicht jederzeit zu festem Preise vom Staate erhältlich war, so kann von Argyrophantismus wie überhaupt von Argyrodromie nicht gesprochen werden.

Die Ausprägung wurde nach dem Münzfuß: 62 Schillinge aus einem Troypfund Standardsilber vorgenommen.

Man erhob also auch hier keinen Schlagschatz.

Die Einheit für das Silbergeld wie überhaupt für das gesamte Geldwesen Englands war der Schilling. In anderer Stückelung gab es noch:

Crowns, Halfcrowns, Shillings, Sixpences, Fourpences, Threepences, Twopences, Pennies.

Neben dem Schilling hatte man für größere Beträge noch eine abstrakte, eine Rechnungseinheit, das Pfund Sterling gleich 20 Schillingen. Doch existierte zu unserer Zeit kein Geldstück im Betrage von 1 Lst.

Ein Passiergewicht war, obwohl das Silbergeld bar war, nicht fixiert worden. Es behielt seine chartale Geltung auch, wenn es abgenutzt oder an seinem Edelmetallgehalt erheblich geschwächt war. Die Benennung des Silbergeldes war historisch begründet. Ursprünglich entsprach das Rechnungspfund Silber dem Gewichtspfund Silber. Allmählich aber war der Silbergehalt der Münzen immer geringer geworden. Obwohl aber dadurch eine Übereinstimmung zwischen dem Gewichtspfund und dem Rechnungspfund ausgeschlossen war, hatte man letzteren Ausdruck zur Bezeichnung der Münzeinheit doch beibehalten.

Hinsichtlich der platischen Beziehungen des vom Staate ausgegebenen Silbergeldes zum Metall Silber herrschte Einheitlichkeit. Die größeren Münzen waren im Gewicht stets proportional den kleineren ausgebracht worden.

Ebenso wie beim Gold wurde auch beim Silber für die Prägung mit dem jeweiligen Vorsteher der Königlichen Münze, „His Majesty-s master and worker of the mint“ ein besonderer Münzvertrag, „mint indenture“ vereinbart, durch den der Beamte zur Herstellung der Münzen auf Grund der gesetzlichen Bestimmungen verpflichtet und ermächtigt wurde. Das dem Gelde beigegebene Ausprägungsverhältnis läßt sich nach den obigen Ausführungen für Gold und Silber folgendermaßen berechnen: Nach dem geltenden Münzfuß wurden ausgeprägt aus

1 Troypfund Standardgold 44½ Guineen zu 21 sh. oder 934½ sh., aus 1 Troypfund Standardsilber 62 sh.

Demnach verhält sich der Wert des Goldes zu dem des Silbers wie 934½ : 62 oder wie 15,07258 : 1.

Bisher war von metalloplatischem staatlichem Gelde nur solches von staatlicher Emission vorhanden.

c) Das Kupfergeld.

Die Münzstätte war nicht verpflichtet, einen festen Preis gleichbleibend für Kupfer zu zahlen und die Ausprägung nach dem Willen der Verkäufer von Kupfer vorzunehmen.

Kupfer war also nicht hylisch. Das Kupfergeld hatte Notal-Verfassung.

Die zu seinen Ausprägungen notwendigen Metallmengen verschaffte sich der Staat durch freihändigen Kauf auf dem Markte. Wenn er sich bereit erklärte, einen Posten Kupfer zu erwerben, so wurde also der dafür zu erlegende Preis in jedem Falle mit dem Verkäufer besonders vereinbart.

Die aus der Königlichen Münze hervorgehenden Kupferstücke waren Halfpennies und Farthings.

Zwei halfpennies oder vier farthings galten 1 penny.

Ebenso wie das Silbergeld waren die Kupferstücke Scheidemünze. Die kritische Höhe ihrer Zwangsannahme war auf 1 Schilling festgesetzt. Bis zu 1 sh. mußte man sich also die Zahlungen in Kupfergeld gefallen lassen.

In den älteren Zeiten war die Lohnzahlung in Kupfergeld allgemein üblich. Fabriken und gewerbliche Unternehmungen zahlten fast ausschließlich damit. Beliebt war es hauptsächlich seiner vielseitigen realen Verwendung wegen, da das Kupfer zu Gebrauchsgegenständen in großem Umfange benutzt wurde.

Im staatlichen Geldwesen Englands haben die Kupfermünzen eine besondere Rolle nicht gespielt; sie haben nur eine bescheidene untergeordnete Stellung eingenommen und werden deshalb von uns auch nur kurz behandelt.

2. DAS PAPIERGELD.

Über ein Papiergeld staatlicher Emission verfügte England nicht. Es gab kein „eigentliches“ staatliches Papiergeld.

Man ist leicht versucht, die periodenweise vom Staate ausgegebenen Exchequer-bills als Staatsnoten anzusprechen; wir können uns dieser Auffassung jedoch nicht anschließen. Denn diese Exchequer-bills konnten nicht ohne weiteres von Hand zu Hand gegeben werden. Auch trugen sie für jeden Tag, den sie sich im Verkehr befanden, Zinsen. Aus diesen Gründen müssen wir ihnen die Geldeigenschaft absprechen. Nun darf man aber aus dem bisher Gesagten nicht schließen, daß England gänzlich ohne Papiergeld gewesen wäre. Nur solches, das der Staat selbst geschaffen und ausgegeben hatte, war nicht vorhanden.

Dagegen füllten diese Lücke die Noten der Bank von England aus, mit denen wir uns hier des Näheren zu befassen haben.

Wir dürfen bei ihnen etwas länger verweilen, womit wieder die Notwendigkeit gegeben ist, die Geschichte der Bank von England, soweit sie auf die Entwicklung ihrer Notenausgabe Einfluß hatte, in knappen Umrissen zu skizzieren.

Die Bank von England blickte zu der uns interessierenden Zeit auf ein hundertjähriges Bestehen zurück. Sie war durch Gesetz vom 25. April 1694 als reine Privatgesellschaft mit einem Kapital von Lst. 1 200 000 : — : — auf staatliche Anregung hin gegründet worden.

In dem Gründungsstatut war unverhüllt ausgesprochen worden, daß der Zweck ihrer Schaffung die leihweise Hergabe ihres gesamten eingezahlten Kapitals an den englischen Staat sei. Sie konnte also mit ihrem Stammkapital nicht arbeiten und mußte sich die für ihren Geschäftsbetrieb benötigten Summen anderweitig verschaffen.

Um ihr dies zu ermöglichen, wurde sie in dem genannten Gesetz ermächtigt, bis zur Höhe des Regierungsvorschusses, also bis zu Lst. 1 200 000 : — : — Schulden zu machen oder Zettel,

Noten, auszugeben. Ihr Betriebskapital bestand demnach im Anfang aus Noten, ihrem Kredit — beides zusammen bis zur angegebenen Höchstgrenze — und den bei ihr von Privaten eingezahlten Depots.

Das Privileg der Notenausgabe war nun des öfteren erneuert worden und jede dieser Verlängerungen hatte die Bank mit weiteren Vorschüssen an die Regierung bezahlen müssen.

In demselben Umfang, wie ihre Forderungen an den Staat wuchsen, wurden auch die ihr für den Umfang ihrer Notenausgabe gesteckten Grenzen erweitert.

Im Anfang 1797 bezifferte sich die Höhe der Staatsschuld bei der Bank auf rund 11½ Millionen Pfund Sterling.

Die Bank von England brachte nun ihre Noten durch Gewährung von Darlehen, Beleihung von Waren, Ankauf von Edelmetallen oder Wechseldiskontierungen in den Verkehr. Diese genannten Geschäftszweige dürften, wenigstens im Anfang, die Gelegenheit zur Notenausgabe erschöpft haben, da die ihr erlaubten Geschäfte durch ziemlich enge Grenzen gesetzlich umschrieben waren.

Als kleinste Note schuf sie eine Lst. 20-Note, der im Jahre 1759 solche zu Lst. 15 und Lst. 10 folgten, bis sie sich im Jahre 1795 zur Ausgabe von Stücken zu Lst. 5 entschloß.

Hergestellt wurden die Noten durch Kupferstich auf dünnem Papier. Von einer Kupferplatte konnten nur etwa 6000 brauchbare Exemplare abgezogen werden, so daß die Herstellungskosten für die Noten recht erheblich waren. Erst gegen die Neige des zweiten Jahrzehnts im 19. Jahrhundert suchte man dadurch eine Verbilligung herbeizuführen, daß man den Kupferstich durch Stahlstich ersetzte.

Jede Note wurde bei der Ausgabe handschriftlich mit der Unterschrift der Direktoren versehen. Erst durch ein Gesetz vom Jahre 1820 [1]) wurde dieses handschriftliche Zeichnen durch auf mechanischem Wege hergestellte Unterschrift ersetzt.

Ein an jedem Stück angebrachtes Wasserzeichen sollte

---

[1]) Statute 1. Geo. IV. ch. 92, siehe Anhang.

Fälschungen vorbeugen, auf welche unter Umständen sogar Todesstrafe stand.

Die ursprüngliche Bestimmung, daß bei Begebung von Hand zu Hand auf den Noten ein Indossament erforderlich war, hatte man bald fallen gelassen.

Hinsichtlich ihres Verhältnisses zum staatlichen Geld ist folgendes zu sagen. Ursprünglich waren die Noten der Bank von England nichts weiter als ein chartales Zahlungsmittel einer privaten Zahlgemeinschaft, da sie auf den Kundenkreis der Bank beschränkt waren. Ihr Umlauf war zunächst parazentrisch.

Wann der Staat sich zu ihrer Annahme bereit erklärte, ist schwer festzustellen, da es sicher ist, daß ihre Aufnahme in das Geldwesen des Staates nicht durch Gesetz erfolgte, sondern sich unter dem Zwange der Notwendigkeit von selbst vollzog.

Die Anfänge zu diesem Übergang wurzeln in der Tatsache, daß die Bank dem Staate im Laufe der Zeit ein unentbehrliches Kreditinstitut geworden war, aus dem sie sich allmählich zu seinem Kassier und Schuldenverwalter entwickelte.

Die Zeit, in welcher die Noten der Bank von England dem Geldsystem des Staates eingereiht wurden, mag durch die Jahre 1708 und 1720 begrenzt werden. Sicher ist, daß schon im Jahre 1730 die öffentlichen Kassen täglich Noten der Bank in ihrem Bestande hatten. Diese Tatsache setzt aber voraus, daß die öffentlichen Kassen sie in Zahlung angenommen haben mußten, was sie in Ermanglung eines entsprechenden Gesetzes ohne Ermächtigung ihrer vorgesetzten Behörde — letzten Endes des Staates — natürlich nicht getan haben.

War aber diese Ermächtigung erteilt worden, so heißt das nichts weiter, als: Der Staat erklärte sich mit der Verwendung der Noten der Bank von England zu epizentrischen Zahlungen einverstanden, er erhob sie zu staatlichem Gelde.[1])

Im anepizentrischen Verkehr bestand für die Noten kein Annahmezwang. Niemand war verpflichtet, sie als Schulden-

---

[1]) Näheres bei Alfred Schmidt.

tilgung oder Kaufpreis, als Lohn oder sonstwie in Zahlung zu nehmen.

Sie waren fakultatives Geld.

Außerdem blieb die Bank, wenn auch ihre Noten vom Publikum bereitwilligst aufgenommen und im Umlauf erhalten wurden, gleichwohl zur Einlösung derselben bei Präsentation gegen das valutarische Geld, Anfang 1797 also Goldgeld, jederzeit verpflichtet.

Ihre Noten waren also provisorisches Geld.

Ihre Einlösung durch die Bank konnte auf dem Rechtswege erzwungen werden.

Daß die Bank als Emittentin verpflichtet war, ihre eigenen Noten auch zur definitiven Tilgung einer Forderung an den Einzahler in Zahlung zu nehmen, versteht sich von selbst.

Nach der staatlichen Akzeptation wurden die Noten von den öffentlichen Kassen lange Zeit zunächst jeden Abend, dann in gewissen Zwischenräumen an die Ausgabestelle, also die Bank von England, im Austausch gegen Geld staatlicher Emission abgeliefert. Zu diesem Auswechseln sandte an den betreffenden Terminen die Bank zwei ihrer clerks in den Exchequer.

Zu apozentrischen Zahlungen wurden die an die öffentlichen Kassen für Staatsabgaben gelangten Banknoten also zunächst nicht benutzt. Und als dies dann später gelegentlich geschah und allmählich üblich wurde, wurden sie doch dem Publikum nicht aufgedrängt, sondern sie blieben akzessorisch.

Mit Beginn des Jahres 1797 sind also die Noten der Bank von England staatliches, und zwar akzessorisches, dabei aber provisorisches Geld privater Emission und fakultativ.

Neben diesen hier beschriebenen Noten der Bank von England gab es auch solche von Provinzbanken und einzelnen größeren Londoner Bankiers, doch haben sich die ersteren schon frühzeitig ein dauerndes Übergewicht über diese zu sichern gewußt, besonders nachdem 1708 der Bank von England gesetzlich das Monopol als Aktienbank verliehen worden war, das ihr jede etwaige Gefahr einer erfolgreichen Konkurrenz durch ein ähnliches Unternehmen von vornherein aus dem Wege räumte und wahrscheinlich der Anlaß geworden ist für die im Volke bald eingebürgerte Gepflogenheit, von der Bank von England als von der „Nationalbank“ zu sprechen.

Ihren hauptsächlichsten Umlaufsbezirk hatten die Noten der Bank von England in London und Lancashire, während sie sich in der Provinz nur vereinzelt Eingang zu schaffen vermocht hatten. Hier war das Feld der Provinzbanknoten. Im allgemeinen waren diese denselben Rechtsgrundsätzen unterworfen wie das Papier der Bank von England. Doch unterschieden sie sich von dem letzteren dadurch, daß sie an Staatskassen nicht angenommen wurden, also nicht staatliches Geld waren. Aus diesem Grunde kommen sie für unsere Untersuchung auch nicht in Betracht.

Der Grund, warum die Noten der Bank von England sich die Provinz nicht leicht eroberten, ist unschwer zu erkennen. Selbst wenn man sie im Lande auch außerhalb von London und Lancashire hätte erhalten können, hätte man nur ungern sich ihrer bedient. Denn bei den metallistischen Anschauungen jener Zeit, der es naturgemäß weniger auf zirkulatorische als reale Befriedigung ankam, lag dem Inhaber von Papier vor allen Dingen viel an der zweifellosen Zuverlässigkeit der Noteneinlösung in staatliches Metallgeld durch die ausgebende Bank. Diese Einlösung erfolgte aber immer im Bankgebäude selbst, so daß schon aus dem Grunde, daß die Bank von England im Lande keine Zweigniederlassungen besaß (zur Gründung solcher Filialen wurde sie erst 1826 ermächtigt), für den Noteninhaber, der den Umtausch in Münze bewerkstelligen wollte, sich Unbequemlichkeiten und Kosten nebst Zinsverlust bei Einsendung der Noten nach London ergaben, die er lieber vermied.

Daher gab man den Noten der Bankiers, mit denen man täglich zusammentreffen konnte, den Vorzug.

Diese Provinzbanknoten fanden mit geringer Verschiebung fast ausschließlich innerhalb des Geschäftsbezirks der ausgebenden Banken ihren Umlauf und trugen mithin weit deutlicher den Stempel des privaten Zahlungsmittels an sich.

Wollte man eine graphische Darstellung der Verteilung der einzelnen Privatbanknoten über das ganze Königreich der damaligen Zeit liefern und für das Umlaufsgebiet einer jeden Notenart eine Farbe wählen, so würde die Karte von England ein recht buntes Bild ergeben.

Noch aus einem anderen Grunde zog man in der Provinz die Landbanknoten denen der Bank von England vor. Jeder Kunde kannte wegen der engeren Fühlung mit ihm die Unterschrift seines Bankiers auf der von diesem ausgegebenen Note genau. Diese Unterschrift konnte, da der Notenumlauf nicht übermäßig umfangreich war, stets deutlich sein und so leichter Fälschungen, durch die stets der Inhaber betroffen wurde, vorbeugen, während für die Unterschriftsleistungen auf den Noten der Bank von England stets eine größere Anzahl von Personen (Direktoren und Angestellten) bevollmächtigt waren, die den Kunden nicht immer persönlich bekannt waren und wegen der großen Anzahl der ausgegebenen Noten ihre Unterschrift nicht immer mit der gleichen Sorgfalt abzugeben vermochten, wodurch wiederum Fälschungen erleichtert wurden.

Aus diesen Gründen trugen die Noten der Provinzbanken einen weit persönlicheren Charakter als die der Bank von England.

Anderseits war aber auch gerade dieser Umstand ein Grund dafür, daß die Noten der einzelnen Bezirke niemals eine derartige Umlaufsausdehnung erfahren konnten, wie diejenigen der Bank von England. Die letzteren zirkulierten längere Zeit, bevor sie an die Ausgabestelle zurückgelangten, während jene in den meisten Fällen schon am nächsten Tage zur Einlösung vorgezeigt wurden.

Dadurch waren die Provinzbanken genötigt, stets einen größeren Vorrat an Metallgeld bzw. an Goldgeld bereit zu halten, konnten also weniger ausgedehnte Produktivanlagen ihres Kapitals vornehmen.

Und hierin findet auch wohl die schon erwähnte Ausnahme von Lancashire ihre natürliche Erklärung.

Hier verzichteten die Banken auf eigene Notenausgabe und benutzten als Papiergeld ausschließlich die Noten der Bank von England. Sie hatten es also, da sie selbst nicht Ausgabestelle waren, nicht nötig, sich einen großen Metallgeldvorrat hinzulegen und ermöglichten damit eine mehr Gewinn bringende Ausnutzung ihrer Betriebskapitalien.

Damit verlassen wir die Privatbanknoten, die wir nur zur schärferen Beleuchtung der Noten der Bank von England so ausführlich betrachtet haben, endgültig.

I. Abschnitt.

DIE AUFHEBUNG DER NOTENEINLÖSUNG UND DIE ENTWICKELUNG DES GELDWESENS BIS ZUM VERLASSEN DER GOLDWÄHRUNG IM JAHRE 1806.

§ 1. DIE „BANK-RESTRICTION".

Das in der Einleitung Geschilderte zeigt uns den rechtlichen, den verfassungsmäßigen Zustand des Geldwesens.

Es ist nun unsere Aufgabe, zu untersuchen, ob der tatsächliche Zustand hiermit in Einklang zu bringen ist. Bevor wir jedoch die weitere Entwicklung verfolgen, sei ein kurzer Blick auf Englands politische Lage gestattet.

Seit dem 1. Mai 1793 befand sich England im Kriegszustand mit Frankreich. Seine äußere Politik wurde vorgezeichnet durch die Ereignisse der französischen Revolutionskriege und die Napoleonischen Erfolge. Der Kriegsschauplatz befand sich auf dem Festlande. Durch die Unterhaltung von Truppen in fremden Ländern, durch die an Verbündete zu zahlenden Subsidien erwuchsen der Regierung ungeheuerliche Kosten. Dazu kam die lange Dauer der Kriegführung, die mit einer nur auf wenige Monate beschränkten Unterbrechung bis zum Jahre 1815 währte, also mehr als zwei Jahrzehnte. Hierdurch wurde auf das gesamte wirtschaftliche Leben ein schwerer Druck ausgeübt. Die Nationalschuld wuchs auf das Doppelte der bisherigen Höhe an und sämtliche Steuern mußten vermehrt werden, um die Regierung in die Lage zu versetzen, ihren Verpflichtungen dem Ausland gegenüber nachkommen zu können.

In den neun Jahren von 1803 bis 1812 betrug die Summe der erhobenen Kriegssteuern ungefähr Lst. 146 600 000 : — : —.

In dieser ganzen Zeit pekuniärer Bedrängnis war die Hauptstütze der Regierung die Bank von England, welche die größten Anstrengungen machte, ihr mit Kredit und Geldmitteln zu Hilfe zu kommen. Da die Nationalexistenz auf dem Spiel stand, so stellte sich die Bank gänzlich in den Dienst des Staates, unterstützte das Heer und die Flotte und opferte fast ihren ganzen Vorrat an Münzen und Barren. So wurde sie allmählich der Hauptbankier des Staates und erwies sich in jeder Beziehung als der zuverlässige finanzielle Rückhalt der Regierung.

Da die von der Bank von England der Regierung zur Verfügung gestellten Summen fast ohne Ausnahme für Leistungen auf dem Kontinent bestimmt waren, so mußten sie in Form von Münzgeld und Barren dargeboten werden, besonders in Gold, wie noch des Näheren gezeigt werden soll. Papiergeld kam hierfür naturgemäß nicht in Frage.

Das gemünzte Geld fing an, das Land zu verlassen.

Schon gegen Ende des Jahres 1795 konnten sich die aufmerksamen Direktoren der Bank der Befürchtung nicht verschließen, daß ihnen bei fortgesetzter Inanspruchnahme durch die Regierung eines Tages die Möglichkeit genommen sein würde, den an sie hinsichtlich ihrer Noteneinlösung gestellten Forderungen entsprechen zu können.

Die Hergabe von Bankgeldern für Staatszwecke hatte ursprünglich nur in Form von Anleihen bestanden. Dann war die Regierung zur Antizipation der Steuern übergegangen, derart, daß man den auf Steuereinkünfte veranschlagten Einnahmeposten des Finanzetats von der Bank vorschußweise erhob und ihr dafür Exchequer-bills über den gleichen Betrag übergab.

Schließlich hatte man diese Deckung der Exchequer-bills durch erwartete Steuern weggelassen und bei Bedarf von Geld sich an die Bank gewandt, die den Wünschen der Regierung, wenn auch nicht immer völlig selbstlos, weitestes Entgegenkommen zeigte. Diese Handhabung blieb üblich, bis man ein Gesetz durchbrachte, welches das Gefährliche einer derartigen

Finanzpolitik charakterisierte und bestimmte, daß für die Folge zur Aufnahme von Regierungsgeldern bei der Bank von England eine besonders gesetzliche Ermächtigung erforderlich sein sollte.

Diese kurzen Hinweise dürften für unsere Zwecke genügen. Über die finanziellen Maßnahmen Englands ist einerseits genügend Literatur vorhanden, anderseits aber interessieren uns weniger seine Finanzoperationen als sein Geldwesen.

Inzwischen aber blieben die Bankdirektoren bei der Feststellung der befürchteten Gefahr nicht stehen.

Nachdem sie die Regierung auf ihre Lage aufmerksam gemacht hatten, sich aber hatten überzeugen lassen müssen, daß diese durch die kontinentalen Ereignisse, durch zahlreiche in der Flotte ausgebrochene Meutereien und sonstige innere Unruhen so vielseitig in Anspruch genommen war, daß ihr keine Zeit verblieb, sich mit Finanzreformen zu beschäftigen oder auf die Entwicklung des Geldwesens zu achten, griffen sie selbst zu Vorbeugungs- und Sicherungsmaßnahmen.

In der an sich richtigen Erwägung, daß die für die Zwecke der Notendeckung erforderliche Goldreserve um so kleiner zu sein brauche, je kleiner der Bestand der umlaufenden Noten sei und unter Berücksichtigung der Tatsache, daß von diesen der weitaus größere Betrag gegen Hereinnahme von Wechseln ausgegeben worden war, glaubten sie in der Diskonteinschränkung ein solches Mittel gefunden zu haben. Sie erließen daher am 31. 12. 1795 folgende Bekanntmachung:

„Bank von England, 31. 12. 1795.

In Gemäßheit eines Beschlusses unserer Direktorenversammlung wird hierdurch bekannt gegeben,

1. daß in Zukunft die Diskontierung von Wechseln nur bis 12 Uhr mittags erfolgen wird und daß unsere Noten Mittwochs nach 12 Uhr mittags nicht mehr eingelöst werden,
2. daß wir in Zukunft für jeden Tag eine Höchstgrenze der zulässigen Diskontierungen festsetzen und in jedem Einzelfalle den diese Höchstgrenze überschreitenden Betrag an Wechseln im pro rata Verhältnis des Gesamtangebots ohne

Rücksicht auf die Bonität der Einreicher oder die Legalität und Ankaufswürdigkeit der Papiere zurückgeben werden. Entsprechende Maßnahmen werden bei der Einlösung der Noten ergriffen werden.“

Ist auch gegen die dieser Veröffentlichung zugrunde liegende Logik nichts einzuwenden, so darf man sich doch nicht verhehlen, daß sie bei der geschilderten Sachlage den erhofften Erfolg von vornherein mußte vermissen lassen.

Wären die von der Regierung benötigten Gelder für innere Zwecke, etwa für die Schaffung wirtschaftlicher, produktiver oder unproduktiver Werte bestimmt gewesen, also dem öffentlichen Verkehr im Lande wieder zugeführt worden, so hätte die Bank wahrscheinlich die gewollte Sicherung ihrer Barbestände zu erreichen vermocht.

Dadurch aber, daß die Regierung das von der Bank erhobene Geld ins Ausland zu senden gezwungen war und die letztere gleichzeitig eine Verringerung ihres Notenumlaufs vornahm, erfuhr die Gesamtheit des Geldbestandes im Innern eine doppelte Schwächung.

Der Bankerlaß machte die schon bemerkbare Geldknappheit noch fühlbarer.

Vorteilhafter für die gesamte wirtschaftliche Entwicklung des Landes wäre es gewesen, wenn es der Bank gelungen wäre, irgend einen anderen Ausweg zu finden, der das Zurückströmen der Noten zur Ausgabestelle verlangsamt und es dieser ohne Verstärkung der Goldreserve möglich gemacht hätte, ihren Notenumlauf entsprechend dem Metallgeldabfluß zu vermehren, um so einen ausgleichenden Ersatz hierfür allmählich zu schaffen.

Die Bank selbst hat dies auch späterhin eingesehen und diesen Weg beschritten.

Ganz ungesetzlich war der letzte Satz der angeführten Bekanntmachung.

Er stellte gegenüber den gesetzlichen Bestimmungen eine Eigenmächtigkeit dar, die aber dadurch, daß die Regierung keinen Einwand erhob, stillschweigend vom Staate sanktioniert wurde. Ja vielleicht ist die Vermutung nicht ganz irrig, daß die Bankverwaltung, die stets in enger Fühlung mit den leitenden Staatsmännern stand, von der Regierung zu ihrem Vorgehen direkt inspiriert worden war.

Es handelte sich allerdings nicht um eine eigentliche Weigerung zur Noteneinlösung, sondern mehr um eine zeitliche Verteilung der zur Einlösung angebotenen Notenbeträge, welche der Bank offenbar mehr Spielraum für ihre Dispositionen gewährleistete und ihr die ergänzende Wiederauffüllung ihrer Barbestände erleichterte.

Wenn die Bank der Ankündigung gemäß verfahren ist und das Volk sich das ungesetzmäßige Vorgehen hat gefallen lassen, so blieben die Noten der Bank trotzdem, was sie bis dahin gewesen waren: provisorisches Geld.

In ruhigen Zeiten hätte, wie gesagt, die Veröffentlichung der Bank wahrscheinlich den gewünschten Erfolg gezeitigt. Jetzt aber befand sich ganz England in zitternder Erregung. Das ganze Volk war beunruhigt, verängstigt. Aufhetzer und Feinde der Bank erließen Flugschriften und einer von ihnen, Thomas Paine, wandte sich in einer solchen direkt an die große Menge der kleinen Leute, die bei dem damaligen Begriff vom Gelde ohnehin ihre geringe Habe lieber in Gestalt von Gold- und Silbermünzen als in Form von Papiernoten in ihren Händen sahen. Ohne stichhaltige Beweise für die Richtigkeit seiner Angaben zu erbringen, behauptete er, daß im ganzen Königreich etwa 16 Millionen Pfund Sterling in Gold- und Silbermünzen vorhanden und von diesen etwa nur ein Viertel in London selbst vorrätig seien. Von diesem Viertel aber befänden sich höchstens 1½ bis 2 Millionen Pfund in den Tresoren der Bank von England, wahrscheinlich jedoch nur eine einzige Million.

Gegenüber stände diesem Metallgeldvorrat eine Notenzirkulation im Betrage von nahezu 60 Millionen Pfund, und — so folgerte er — es sei klar, daß bei Eintritt einer Gefahr das in Noten vorhandene Geld größtenteils verloren sein müsse.

Diese Behauptungen, die, wie wir noch erfahren werden,

durchaus jeder genauen Untersuchung entbehrten, machten auf die Mehrzahl der kleinen Leute den allerschlimmsten Eindruck und erschütterte ihr Vertrauen auf die Bank.

Einerseits waren sie zu einer eingehenden Prüfung der Richtigkeit der Behauptungen überhaupt nicht befähigt, denn sonst hätten sie einsehen müssen, daß es nicht angängig war, dem Gesamtnotenumlauf des Landes, an dem, wie wir in der Einleitung gezeigt haben, neben der Bank von England noch eine stattliche Reihe anderer Bankinstitute partizipierte, die Bargeldreserve der Bank von England allein gegenüber zu stellen. Vielmehr hätte man zu einer solchen kritischen Betrachtung korrekterweise die Summe der für Notendeckung bestimmten Reserven aller notenausgebenden Banken und Bankiers — die ja sämtlich zur Einlösung verpflichtet waren— feststellen und zum Vergleich heranziehen müssen. Eine so gewonnene Übersicht würde ein bei weitem anderes als das von Paine gezeichnete Bild ergeben haben.

Dann aber war das Volk nach den vorangegangenen Sensationen und noch nicht vergessenen Katastrophen — erinnert sei an die Assignatenwirtschaft in Frankreich und den Südseeschwindel in England — ohnehin geneigt, jedes Gerücht von einer Geldkrisis ohne Prüfung als Tatsache, als Wahrheit hinzunehmen.

Gesteigert wurde die schon fast allgemeine Nervosität noch durch die am Ende des Jahres 1796 und Anfang 1797 in beängstigender Häufigkeit auftauchenden Gerüchte von einem beabsichtigten Einfall des feindlichen Frankreichs in England.

So war denn die Folge, daß der kleine Kaufmann die ihm dargebotenen Noten entweder nach Möglichkeit anzunehmen verweigerte oder doch sofort zu seinem Bankier zum Umtausch gegen Metallgeld brachte und dieses unter Einschränkung seiner Ausgaben ansammelte, daß die Privatbankiers anfingen, die Noten der Bank von England abzuschieben und sich einen möglichst großen Goldvorrat zu verschaffen und daß der Landmann, wie er es stets und überall in Kriegszeiten tut, jedes Stück Metallgeld sorgsam in seiner Truhe verschloß.

Anstatt, wie gehofft, sich zu vermehren, fing der Metallgeldvorrat der Bank an, abzunehmen.

Hatte er sich im März 1796 noch auf Lst. 2 972 000 : — : — beziffert, so war er schon im Juni desselben Jahres auf Lst. 2 582 000 : — : — zurückgegangen und im September bis zu Lst. 2 532 000 : — : — verringert.

Bis zum Dezember 1796 erfuhr er eine weitere Schwächung um rund Lst. 24 000 : — : — und war schließlich, nachdem am 20. 2. 1797 ein bis ins Unermeßliche gesteigerter Sturm auf die Bank eingesetzt hatte, am 25. 2. 1797 bis auf einen Rest von Lst. 1 272 000 : — : — zusammengeschmolzen.

Diesen bedrohlichen Vorgängen gegenüber war die Leitung der Bank nicht untätig geblieben.

Als der Abfluß des Metallgeldes aus ihren Kassen sich als stetig erwies, waren ihre Direktoren beim Premierminister erschienen, um ihm anheimzustellen, im Interesse der Gesamtheit von Staatswegen vorbeugende Maßnahmen zu treffen.

Am Sonnabend, dem 24. 2. 1797, begab sich der Gouverneur mit dem Vizegouverneur und einem Direktor nochmals zu Pitt, um ihn zu fragen, ob und wann ein staatliches Eingreifen beabsichtigt und zu erwarten sei.

Überzeugt von der fundamentalen Gesundheit ihres Instituts, scheinen diese Männer die heute moderne Auffassung von dem Wesentlichen einer Geldverfassung schon vorahnend empfunden zu haben, freilich vielleicht, ohne sich im einzelnen darüber klar zu werden. Jedenfalls hielten sie die Ansichten der Metallisten über ein Geldsystem als nicht zutreffend, wenigstens als nicht ausreichend bereits erkannt. Die Tatsache, daß sie in einer Willenskundgebung der Regierung, einem Gesetzesakt und dem tatsächlichen Handeln des Staates das für das Geldwesen Ausschlaggebende erblickten und nicht in der Beschaffenheit und dem Stoff der einzelnen Geldarten selbst, spricht hierfür.

Außerdem bestand für sie noch keine direkte Gefahr und keine zwingende Notwendigkeit für einen Schritt, wie er jetzt tatsächlich unternommen wurde. Es stellte sich bald heraus, daß die vorher erwähnten Ziffern der aufreizenden Paineschen

Flugschrift ungeheuerlich übertrieben waren. Nach einem sofort aufgenommenen Status der Bank von England stand einem tatsächlichen Notenumlauf von Lst. 8 640 250 : — : — ein Metallgeldbestand von mehr als einer Million gegenüber. Es ist sehr wohl denkbar, daß sich noch irgend ein anderer Ausweg hätte finden lassen, als der, den man jetzt wählte.

Lassen wir es vorerst dahingestellt sein, welche Gründe oder politischen Erwägungen ihn dazu veranlaßten, jedenfalls hielt der Premierminister die Vorstellungen der Bankdirektoren für wichtig genug, um unverzüglich einen Ministerrat einzuberufen, der noch am gleichen Tage einen reitenden Boten an den auf seinem Schlosse in Windsor weilenden König absandte.

Am folgenden Tage, also am 25. 2. 1797, kam, obwohl es ein Sonntag war, König Georg III. selbst nach der Hauptstadt und hielt einen Staatsrat ab. Das Resultat war eine Verordnung,[1]) datiert vom 26. 2. 1797, welche im öffentlichen Interesse der Bank von England die Hergabe irgend welchen Bargeldes solange verbot, bis nach Beratung der Lage im Parlament eventuell ein anderes geeignetes Mittel zur Regelung des Geldumlaufs und zur Festigung des staatlichen und kommerziellen Kredits gefunden worden wäre.

Diese Verfügung des Geheimen Rates erhielt dann durch die „Bank-Restriction Act" vom 3. 5. 1797[2]) ihre gesetzliche Sanktion.

Betrachten wir den damit geschaffenen Zustand genauer!

Aus der Einleitung und Begründung des Gesetzes geht hervor, daß die Anregung zu dieser bill vom Schatzkanzler ausgegangen ist. Er hatte vorher genaue Untersuchungen über die Lage der Bank angestellt und sieht sich auf Grund seiner Erhebungen genötigt, das allgemeine Verlangen nach Bargeld als „ungewöhnlich" zu bezeichnen. Die Ursachen für diesen außerordentlichen Ansturm glaubt er in unbegründeten oder übertriebenen Alarmnachrichten suchen zu müssen. Gemeint sind offenbar die obengenannten Hetzschriften!

---

[1]) Siehe „Minute of Council", Anhang. [2]) Siehe Anhang.

Immerhin hält er ein Eingreifen des Staates in die Angelegenheiten der privaten Bank für unbedingt erforderlich und gibt damit eine Bestätigung dafür, daß die Noten der Bank staatliches Geld waren. Man darf jedoch nicht annehmen, daß dieses Gesetz der Ausfluß edler Menschenfreundlichkeit des Staates gegenüber der Bank gewesen wäre. Zwar hielt sich der Staat für moralisch verpflichtet, dem Privatunternehmen, das ihm über manche Fährlichkeit hinweggeholfen hatte, jetzt gleichfalls beizuspringen; der Hauptgrund war jedoch sicher die Erkenntnis, daß es der Regierung ohne die Bank nicht möglich sein werde, ihren ausländischen Verbindlichkeiten nachzukommen.

Das Gesetz wurde mit rückwirkender Kraft vom 26. 2. 1797 insoweit ausgestattet, als alle Maßnahmen, welche die Bank auf Grund des „Minute of Council“ von diesem Tage an getroffen hatte, nachträglich ausdrücklich gutgeheißen wurden.

Dann aber wurden die durch die Geheimerats-Verordnung erlassenen Bestimmungen im Gesetz noch erweitert.

Zunächst wurde der Bank die Ausgabe von Bargeld für irgendwelche Zwecke — mit einigen Ausnahmen — untersagt.

Zu beachten ist, daß ihr nicht etwa gestattet wurde, Barzahlungen zu vermeiden, sondern daß die wenigen Fälle, in denen ihr überhaupt solche erlaubt waren, genau festgelegt waren.

Gestattet waren ihr Barzahlungen bis zum Betrage von höchstens 20 Schillingen, oder bei größeren Summen für die Spitzen bis zu dieser Höhe. Verpflichtet war sie jedoch auch hierzu nicht.

Für öffentliche Zwecke war es ihr ferner verstattet, dem Staat bis zum Betrage von Lst. 600 000 gegen Exchequer-bills auf Grund eines Parlamentsbeschlusses Anleihen oder Vorschüsse in bar zu gewähren. Ferner wurde sie ermächtigt, an die Bankiers in London und Westminster auf Ansuchen einen Betrag von insgesamt Lst. 100 000.— und an die Bank of Scotland, wie an die Royal Bank of Scotland höchstens je Lst. 25 000.— in barem Gelde vorzustrecken.

Ein weiterer Absatz des Gesetzes bestimmte folgendes:

Hatte jemand nach dem 7. 4. 1797 der Bank einen Barbetrag von Lst. 500.—.— und darüber gegen ihre Noten unter dem ausdrücklichen Übereinkommen übergeben, daß der Rücktausch seinerzeit ebenfalls wieder gegen Bargeld erfolgen solle, so solle ohne Rücksicht auf diese Vereinbarung die Bank befugt sein, bei der Rückzahlung von diesen Summen nur drei Viertel in Bargeld, den Rest in ihren Noten auszuhändigen. (Goldklausel!)

Für alle anderen Zahlungen sollten die Noten der Bank dem Bargeld gleichgeachtet werden.

Irgendwelche sonstigen Barzahlungen waren der Bank nur nach vorhergegangener 5tägiger Ankündigung an das Unterhaus erlaubt, das für sofortige Veröffentlichung der Bereitwilligkeit der Bank Sorge zu tragen hatte.

Im übrigen bestand die Absicht, die Benutzung von Bargeld überhaupt nach Möglichkeit einzuschränken und durch Papiergeld zu ersetzen. Gleichzeitig benutzte man die Gelegenheit, einem seit mehr als 50 Jahren bestehenden gewohnheitsrechtlichen Zustande jetzt die gesetzliche Bestätigung zu erteilen, indem man durch Ziffer X. des Gesetzes bestimmte, „daß alle Summen, welche jetzt oder später für einen Teil der öffentlichen Steuern fällig würden, von den Steuererhebern und Einnehmern sowie den sonstigen zum Empfang berechtigten Beamten in Noten der Bank von England angenommen werden sollten“.

Ausgenommen waren nur Bruchsummen unter 20 sh.

Jeder noch so leise Zweifel darüber, ob die Noten der Bank von England staatliches Geld waren, mußte hierdurch behoben werden. Der Staat nahm da, wo er Geld zu verlangen hatte, als solches die Noten der Bank an, also waren sie trotz ihrer privaten Emission staatliches Geld.

Hierdurch steht auch fest, daß spätestens von diesem Zeitpunkt an der Staat die Noten — wenn auch wohl noch zunächst als akzessorisches Geld — zu seinen apozentrischen Zahlungen im Inlande benutzte. Denn hätte er das in seine Kassen für Steuern fließende Papiergeld der Bank nicht wieder neben dem andern Gelde verausgabt, so hätte er dafür keine andere Verwendung gehabt, als mit ihm seine Schulden bei der Bank zu tilgen. Und daran konnte er vorerst nicht denken. Daß er aber lediglich als Einlösungsstelle für die Bank fungiert hätte, die Noten also sich von der letzteren hätte durch Bargeld ersetzen lassen, ist gleichfalls nicht anzunehmen. Denn abgesehen davon, daß die Bank hierzu gar nicht in der Lage war, hatte sie auf Grund des Gesetzes dem Staate gegenüber die gleichen Rechte wie gegenüber Privaten, d. h. sie konnte den Umtausch ablehnen.

Vielleicht auch hat man seitens des Staates durch diese Fassung des Gesetzes die Erhebung der Banknoten zu valutarischem Gelde — sei es auch nur für den äußersten Notfall — vorbereiten wollen.

In besonders eigenartiger Weise wurden die Noten der Bank durch den Absatz IX des Gesetzes betroffen.

Wer danach beispielsweise als Gläubiger die Annahme von Noten zur Befriedigung seiner Forderung verweigerte, hatte nicht mehr die bisherige volle, gesetzliche Handhabe gegen seinen Schuldner. Er war zwar nicht verpflichtet, die Noten anzunehmen, da sie noch immer fakultativ, also nicht mit Annahmezwang ausgestattet waren, aber wenn er auf Zahlung in Goldgeld bestehen wollte, mußte er sich bequemen, ein gerichtliches Urteil zu erwirken, auf Grund dessen ein Verfahren in das Vermögen des Schuldners eingeleitet werden konnte. Er konnte nicht, was sonst bei Nichtzahlung einer fälligen Schuld üblich und gesetzlich war, den Schuldner in Schuldhaft nehmen lassen.

Gerade durch diesen Gesetzespassus, der den Schuldner, welcher zur Tilgung seiner Schuld Noten angeboten und bereit gehalten hatte, von der Schuldhaft befreite, wurde in der Folgezeit dem Papiergeld bereitwilligste Aufnahme gesichert.

Ein wirklich häufiges gerichtliches Vorgehen von Gläubigern gegen ihre Schuldner aus dem Grunde der Golderzwingung ist aber nicht zu verzeichnen. Vielleicht haben die hierbei entstehenden hohen Kosten davon Abstand nehmen lassen, vielleicht auch waren — und nach allen Berichten späterer Zeit ist dies als das Wahrscheinlichere anzunehmen — die Noten sehr bald in ausgiebiger Weise im Zahlungsverkehr statt des Goldgeldes üblich geworden.

Trug jedoch jemand seine Schuld in Noten der Bank von England ab, so hatte der Gläubiger mit ihrer Annahme seine völlige, endgültige, gesetzliche Befriedigung erhalten. Weder sein bisheriger Schuldner, noch die Bank waren verpflichtet, ihm späterhin die Noten in Gold- oder Silbergeld umzutauschen.

Die Noten der Bank von England hatten aufgehört, provisorisch zu sein!

Sie waren jetzt ebenso wie die Guinea oder der Schilling endgültiges Geld. Waren Zahlungen in Noten der Bank angenommen worden, so waren sie in ihren rechtlichen Wirkungen völlig gleich den Zahlungen in valutarischem Gelde.

Die Einlösung der Noten konnte von der Bank nicht mehr erzwungen werden, was durch Ziffer II des Gesetzes noch ausdrücklich hervorgehoben wurde.

Selbstverständlich ist es, daß die Bank verpflichtet blieb, ihre eigenen Noten, sei es als Schuldentilgung oder für andere Zahlungen, in Zahlung zu nehmen. Von dem Umtausch der Noten jedoch gegen valutarisches Geld war sie befreit.

Die Gültigkeit der Bank-Restriction-Act wurde zunächst bis zum 24. 6. 1797 festgesetzt. Zwei Tage vor Ablauf dieser Frist wurde sie jedoch durch Statute 37. Georg. III. ch. 91[1]) verlängert bis einen Monat nach Eröffnung der nächsten Parlamentssession.

Zu diesem Zeitpunkte erfuhr sie eine weitere Ausdehnung durch Statute 38. Georg. III. ch. 1 (am 30. 11. 1797) bis einen Monat nach dem endgültigen Friedensschluß, also zunächst auf unbestimmte Zeit.

Im März 1802 wurde der Friede zu Amiens unterzeichnet,

---

[1]) Dieses Statut enthält im wesentlichen eine Wiederholung des Wortlauts vom 37. Georg. III. ch. 45, und ist aus diesem Grunde in den Anhang nicht mit aufgenommen worden.

und bestimmungsgemäß hätte die Wiederaufnahme der Noteneinlösung im April dieses Jahres erfolgen sollen. Die Bank erklärte sich auch hierzu bereit. Dennoch wurde die Gültigkeit der Acte bis zum 1. März 1803 verlängert. Und als nach wenigen Monaten Friedenszeit die Feindseligkeiten von neuem begannen, war von einer Aufhebung der Beschränkung zunächst keine Rede mehr [1]).

Wir verfolgen das Schicksal der Bank-Restriction-Act später weiter und kehren zum Jahre 1797 zurück.

Durch das Gesetz wurde an der Ausdehnung des Notenumlaufs der Bank von England im Prinzip nichts geändert. Nach wie vor war dieser nach oben hin begrenzt durch die Höhe der Staatsschuld bei der Bank. Keiner der Paragraphen hatte die letztere zu einem Überschreiten dieser Grenze ermächtigt. Und wenn in der Folge ihre Notenausgabe zunahm, so geschah es nur im Schritthalten mit dem Anwachsen des Regierungsvorschusses, also in durchaus gesetzmäßiger Weise. Wenn aber die Bank von England ihre Noten vermehrte, weil sie dazu berechtigt war, so wird man ihr keinen Vorwurf machen können.

Als in der Frühe des 27. 2. 1797 sich wiederum durch das Tor der Bank goldbegehrend eine Volksmenge wälzte, fand sie hier die Verordnung des Geheimen Rates angeschlagen, begleitet von einer Veröffentlichung der Bank [2]).

---

[1]) Die Daten der einzelnen Prolongationsgesetze sind aus dem Anhang bei Statute 37. Georg. III. ch. 45 ersichtlich.

[2]) „Bank of England, February 27, 1797.

In consequence of an order of His Majesty's Privy Council notified to the Bank last night, a copy of which is hereunto annexed:

The Governor, Deputy-Governor and Directors of the Bank of England, think it their duty to inform the proprietors of Bank Stock as well as the Public at large, that the general concerns of the Bank are in the most affluent and prosperous situation, and such as to preclude every doubts as to the security of its notes. The directors mean to continue their usual discounts for the accommodation of the commercial interest paying the amount in Banknotes, and the dividend-warrants will be paid in the same manner. Francis Martin, Secretary."

Wie bei den metallistischen Anschauungen jener Zeiten nicht anders zu erwarten war, rief sie zunächst eine ungeheure Bestürzung hervor. Die große Menge, für welche Geld nur aus Metall bestehen konnte, erfaßte die neue Stellung, in welche die Banknoten eingerückt waren, noch nicht als etwas Rechtmäßiges.

Mit Besorgnis schaute jeder auf die in seinen Händen befindlichen Noten. Mußte er sie doch als einen recht zweifelhaften Besitz ansehen, der ihm leicht völlig entschlüpfen könnte. Denn natürlich lag jedermann die Erwägung nahe, daß ein Stück Papier, gegen welches man „Geld“ (nach seiner Auffassung) nicht erhalten konnte, eben nur Papier sei. Daraus, daß die Noteneinlösung aufgehoben, die Noten definitiv geworden waren, folgerte man, die Bank stehe vor dem Zusammenbruch.

Um diese Besorgnis von vornherein zu zerstreuen, erließen der Geheime Rat sowohl wie die Bank öffentliche Bekanntmachungen, in denen auf Grund unanfechtbaren Materials die Ergebnisse der Untersuchung einer zu diesem Zwecke besonders eingesetzten Kommission dargelegt wurden, die untrüglich erwiesen, daß der Vermögensstand der Bank als günstig zu bezeichnen sei und zu Befürchtungen irgendwelcher Art keinen Anlaß biete. Besonders betont wurde, daß die Einstellung der Noteneinlösung keineswegs gleichbedeutend sei einer Zahlungseinstellung.

Im Gegenteil stellte die Kommission fest, daß der Bank nach Abzug aller Verbindlichkeiten außer ihrer Forderung an den Staat in Höhe von Lst. 11 666 800 [1]), welche durch die von der Regierung im Laufe der Zeit kontrahierte Schuld entstanden und durch 3 % Staatspapiere gedeckt war, noch ein Überschuß von Lst. 3 826 890 verblieb, der in jederzeit realisierbaren Sicherheiten bestand, daß also die Bank ihren Verpflichtungen sehr wohl nachzukommen vermöge und daher von einer Zahlungsunfähigkeit nicht gesprochen werden dürfe.

---

[1]) In der Einleitung unter 2 (das Papiergeld) mit rund 11 ½ Millionen Pfund angegeben.

Diesen beiden auf die Beruhigung und Aufklärung der Öffentlichkeit hinzielenden Kundgebungen lieh noch nennenswerte Unterstüzung das einsichtsvolle Verhalten und tatkräftige Eingreifen der Londoner Bankiers und Großkaufleute.

In einer noch am 27. 2. 1797 im manshion-house abgehaltenen, sehr zahlreich besuchten, imposanten Versammlung faßten diese den einstimmigen Beschluß, jederzeit Banknoten jeden Betrages in Zahlung zu nehmen und sich für ihre Zahlungen untereinander ebenfalls des Papiergeldes zu bedienen.

Viertausend der besten Londoner Namen prangten als Unterschrift unter dieser öffentlich bekannt gegebenen Resolution.

Diese widerspruchslose Einmütigkeit machte den denkbar günstigsten Eindruck auf die große Menge. Eine Zeitschrift, The Gentleman's Magazine, schrieb: „Wir erinnern uns nicht, jemals einer solch loyalen Versammlung beigewohnt zu haben“.

Und die erhoffte Wirkung blieb nicht aus.

In kürzester Frist war die Öffentlichkeit beruhigt und das Vertrauen auf die Bank wiederhergestellt. Man gewöhnte sich allmählich an das Papier und lernte, in ihm tatsächliches Geld zu erblicken, wenngleich man vorsichtshalber immer noch klingendes Goldgeld der realen Befriedigung wegen vorzog.

Die erwähnte Kommission stellte mit der Darlegung des Bankstatus ihre Tätigkeit nicht ein. Eifrig beschäftigte sie sich mit der Prüfung der Zustände, welche die Bank-Restriction gezeitigt hatten, und stimmte den Ausführungen einer ersten Autorität, des Mr. Henry Thornton, bei, der früher Direktor der Bank von England gewesen war, und folgendes darlegte:

Tatsache sei, daß durch die auf dem Festlande nötig gewordenen staatlichen Geldleistungen das Metallgeld aus dem Königreich gegangen sei. Dies habe sich jedoch weit mehr auf dem flachen Lande, als in der Handelszentrale London selbst bemerkbar gemacht. In dieser sei man längst von der allgemeinen Zahlung in Metallgeld abgekommen, das man lediglich für Sendungen in die Provinz benutzt habe. Es sei wahrscheinlich, daß der gewöhnliche Lauf der Dinge nicht gestört worden, wenn man für Papiergeld in genügender Menge und über hinreichend kleine Beträge, die auch dem Privatmann seine Benutzung für Zwecke des täglichen Bedarfs ermöglicht hätten, Sorge getragen haben würde. Die bisherige Stückelung sei aber noch zu groß und für eine praktische Verwendung in allen Lagen nicht ausreichend.

Diese Ausführungen fanden Beifall, und durch ein Gesetz vom 3. 3. 1797 (St. 37. Georg. III. ch. 28. siehe Anhang) wurde die Bank zur Ausgabe von Noten in Abschnitten von weniger als Lst. 5 ermächtigt. Sie machte hiervon Gebrauch, indem sie vom 10. März 1797 ab Noten in Stücken von Lst. 1 und Lst. 2 in den Verkehr brachte, die sich schnell einbürgerten und wegen ihrer bequemen und überall zu ermöglichenden Verwendung länger im Umlauf hielten, als diejenigen über größere Beträge. So hat das ursprünglich nur als Schutzmaßregel für die Bank von England gedachte Eingreifen der Regierung diesen Zweck zwar völlig erreicht, daneben aber eine nicht zu übersehende Änderung im staatlichen Geldsystem bewirkt, wie wir im vorstehenden bewiesen zu haben hoffen.

Es benötigt sich für uns nur noch eine zusammenfassende tabellarische Übersicht über den Entwicklungsgang der Notenausgabe, deren Besprechung im einzelnen wir uns zweckmäßigerweise für später vorbehalten. Ebenfalls aus Zweckmäßigkeitsgründen ist diese Übersicht in den Anhang verwiesen, um dort Gegenüberstellungen und Vergleiche der Noten mit anderen Geldarten zu erleichtern.

§ 2. DIE ALLMÄHLICHE VERSCHLECHTERUNG IM ZUSTAND DES SILBERGELDES UND DIE AUFHEBUNG DER FREIEN SILBERPRÄGUNG.

In der Einleitung haben wir uns bemüht, einen Überblick über die juristische Seite des Silbergeldzustandes zu geben. Wir gehen nun mehr dazu über, zu betrachten, wie es in Wirklichkeit darum bestellt war.

Unter der Regierung Georgs III. waren vor dem 31. 12. 1780 in Silbermünzen Lst. 7 126, von dieser Zeit bis zum Schluß von 1802 Lst. 56 473 ausgeprägt worden.

In wie schlechtem Zustande sich jedoch um die Jahrhundertwende die Silbermünzen befanden, zeigt eine Untersuchung, die man seitens der Kgl. Münze im Jahre 1798 vornahm. Sie förderte das erschreckende Resultat zutage, daß auf ein Troypfund Silber im Gewicht

12 33/40 crowns oder
27 21/40 half-crowns oder
82 9/40 shillings oder
200 27/40 sixpences

entfielen.

Diese Gewichtsverminderung entsprach einem Prozentsatz von

3,31 für crowns,
9,9 für half-crowns,
24,59 für shillings und gar
38,28 für sixpences.

Die Hauptschuld hieran wird man der Regierung zuschreiben müssen. Sie hatte nie Schritte getan, die abgenutzten Münzen einzuziehen. Eine Mindestgewichtsgrenze für die lytrische Verwendung war nicht vorgesehen. Jedes auch noch so sehr abgenutzte Stück wurde nach seiner Begültigung angenommen.

Da war es denn kein Wunder, daß bald findige Leute darauf verfielen, diese Tatsache zu ihrem persönlichen Vorteil auszunutzen. Sie hielten jedes vollwichtige Geldstück aus dem Verkehr zurück, verringerten auf mechanischem oder chemischem Wege, etwa durch Beschneiden oder Benutzung von Säuren, sein Gewicht und gaben es dann wieder aus, wobei sie den Gegenwert nach der Benennung des Stückes erhielten.

Der Umstand, daß gerade die Schillinge und Sechspfennigstücke eine unverhältnismäßig hohe Abschwächung zeigten, läßt darauf schließen, daß hauptsächlich die unteren Schichten des Volkes, die vorzugsweise in kleinen Silberstücken entlohnt wurden, gezwungen durch die um die Jahrhundertwende besonders große Not an Lebensbedarf, durch das Mittel der Geldabschwächung sich Vorteile zu verschaffen suchten.

Erhielten sie doch für das verkleinerte Stück kraft seiner chartalen Geltung genau dasselbe, was sie mit einem vollwichtigen Schilling hätten kaufen können. Das der einzelnen Münze entzogene Silber stellte dabei den Gewinn dar.

Nach den zahlreichen glaubwürdigen Berichten jener Zeit über das Umsichgreifen dieser Metallverringerungen des Silbergeldes muß man zu der Annahme gelangen, daß diese Machenschaften geradezu zu einem Gewerbe geworden waren, das für jemand, der es im großen betrieb, einen recht ansehnlichen Gewinn abgeworfen haben muß. Seine außerordentlich große Ausdehnung wird man um so leichter begreifen, wenn man bedenkt, daß nach der Volkslogik die Weitergabe eines vollwichtigen Geldstücks einer Verschwendung oder einem Geschenk an den Staat, zum mindesten an den nächsten Empfänger, der es ja doch wieder abschwächte, gleichbedeutend gewesen wäre.

So erklärt sich auch die außerordentliche Geschicklichkeit, mit der man hierbei zu Werke ging und die es sogar durch ständige Übung ermöglichte, mit geringen technischen Hilfsmitteln aus einem Geldstück ein ganz anderes, höher begültigtes zu machen.

Bei der heute vollkommenen Prägetechnik mag dies unglaublich erscheinen. Doch ist zu bedenken, daß zur Zeit der letzten Münzschaffung die Prägekunst noch recht primitiv war.

Den Schaden hatte hierbei der Staat zu tragen, der ja jede Münze anzunehmen als letzter verpflichtet war und so für seine Nachlässigkeit empfindlich gestraft wurde. Er kämpfte zwar dauernd gegen diesen Mißstand an, jedoch ohne sichtbaren Erfolg.

Wenn er schon verabsäumt hatte, ein Passiergewicht festzusetzen, so hätte er müssen dafür Sorge tragen, daß nur vollwichtige Stücke von ihm in den Verkehr gelangten. Die eingehenden abgenutzten Münzen hätte er keinesfalls wieder ausgeben dürfen.

Freilich wäre dies mit einem Verlust verbunden gewesen. Aber er hätte damit, wenigstens zum beträchtlichen Teil, verhindert, daß das Geldwesen so zerrüttet geworden wäre, wie es in seinem Silbergeld tatsächlich der Fall war.

Diesen Verlust auf sich zu nehmen, scheute sich jedoch der Staat. Um so mehr, als er schon bei dem Ankauf von Barrensilber an der Münze in der letzten Zeit dauernd Geld zusetzte. Denn der Silberpreis war in den letzten Monaten beträchtlich unter den Münzpreis gesunken. Ende 1797 betrug er nur 5 sh., so daß also der Staat, der für die Unze 5 sh. 2 d. bezahlte, stets Silber in Mengen angeboten bekam und hereinnahm, was nicht in seinem Interesse lag, da Silber Scheidegeld und bar war. Wer also einer Anzahl von Münzen Silber entzog, die abgeschwächten Stücke lytrisch verwendete, das ihnen genommene Metall aber an die Münzstätte brachte und hier noch gar besser als auf dem Markte begab, der schädigte den Staat doppelt.

Da dieses Spiel in stetem Kreislauf sich dauernd wiederholte, ist es nicht schwer, sich vorzustellen, in welche Verfassung allmählich das Silbergeld geriet und welche Summen der Staat dabei zusetzte.

Als einzige Entschuldigung für ihn könnte man anführen, daß er durch die Ereignisse auf dem Festlande, durch seine kriegerische Verwicklung mit Frankreich so vollauf beschäftigt war, daß ihm tatsächlich keine Zeit blieb, seinem Geldwesen besondere Fürsorge angedeihen zu lassen.

Immerhin war das Silbergeld das einzige, mit dem er sich in dieser Zeit überhaupt beschäftigte.

Da er auch finanziell nicht stark genug war, den oben erwähnten Verlust freiwillig auf sich zu nehmen, entschloß er sich schließlich, als er sich der fortwährenden Übervorteilung nicht anders entziehen konnte, zu dem zweiten Mittel.

Am 21. Juni 1798 hob er durch Gesetz die freie Silberprägung auf.[1]) Damit hörte Silber auf, hylisches Metall zu sein. Als solches verblieb allein das Gold.

---

[1]) Statute 38. Georg. III. ch. 59. siehe Anhang.

Vom Standpunkt des Kaufmanns beurteilt, war dies das Klügste, was der Staat in seiner Lage tun konnte.

Im folgenden Jahre stattete er dieses Gesetz dann mit unbeschränkter Gültigkeitsdauer aus.[1])

Für Scheidegeld benötigt man nicht allzu große Summen. Deshalb wird praktischerweise auch heute noch der zur Ausprägung zulässige Höchstbetrag auf eine dem schätzungsweise festgestellten Bedarf entsprechende Ziffer beschränkt.

Solange aber die Münze verpflichtet gewesen war, jeden Posten Standardsilbers auf Verlangen in Geld zu verwandeln, konnte es garnicht ausbleiben, daß dieses Silbergeld sich in den Staatskassen allmählich staute und lästig wurde. Denn da es nicht Kurantgeld war, hatte man immer nur in engen Grenzen Verwendung dafür. Forcierte der Staat aber die Silbergeldausgabe, so machte sich sofort die oben geschilderte Benachteiligung bemerkbar.

Das für eine eventuelle Prägung notwendige Metall glaubte man sich offenbar jederzeit auf dem Markte — unter Ausnutzung der Konjunktur — beschaffen zu können.

§ 3. DAS EINDRINGEN AUSLÄNDISCHEN UND PRIVATEN METALLOPLATISCHEN GELDES.

Die immensen Geldleistungen, welche der auf dem Festlande geführte Krieg mit Frankreich durch die Unterhaltung der Truppen erforderte, die vertragsmäßige Gewährung von Geldunterstützungen an die verbündeten Mächte hatten ohne Unterbrechung Gold aus dem Lande geführt. Ersetzt wurde dieses durch Papiergeld, und zwar durch die Noten der Bank von England. Aber die große Menge stand diesem Geld anfangs sehr mißtrauisch gegenüber, zumal da es keine Möglichkeit gab, es in metalloplatisches zu verwandeln. Von letzterem kam von Tag zu Tag mehr das Silbergeld in Frage. Und dieses war als

---

[1]) Statute 39. Georg. III. ch. 75.

Geld schließlich kaum noch zu bezeichnen! Von einem wirklichen Silbergehalt konnte in den meisten Fällen garnicht mehr die Rede sein. Das Gepräge war entweder überhaupt nicht mehr oder nur teilweise zu erkennen.

Der Staat war diesen Zuständen gegenüber völlig machtlos. Ganz abgesehen davon, daß ihm der finanzielle Rückhalt fehlte, das metallische Umlaufsmittel zu vermehren, mangelte es ihm auch an der nötigen Zeit und vor allem an der Einsicht, es zu verbessern. Ernstliche Versuche hierzu fehlen in dieser Zeit gänzlich. Die wenigen Schritte, die er unternahm, tat er nur zur Besänftigung des nach Reformen schreienden Volkes. Man zeigte eben den guten Willen und ließ im übrigen fünf gerade sein.

Wirksam und mit Energie konnte man an die Beseitigung der haltlosen Zustände und an die Durchführung der schon längst erwünschten, ja bitter notwendigen Geldreformen erst gehen, als Wellington am 18. Juni 1815 auf dem Schlachtfelde von Belle-Alliance seinem Verbündeten Blücher die Hand geschüttelt hatte.

In diesen Zeiten der Not war die Regierung gezwungen, das Volk teils der Selbsthilfe zu überlassen, teils auch ihre Schwäche einzugestehen und angebotene private Unterstützung anzunehmen.

Da sie nicht in der Lage war, die für den inneren Verkehr notwendigen Geldmittel in ausreichender Menge zur Verfügung zu stellen, fingen Banken und Gemeinden an, sich selbst nach einem Ersatz für das Geld umzusehen.

a) Spanisches Gepräge.

Zunächst benutzte man hierzu eine spanische Silbermünze, die von Kaufleuten in größeren Mengen ins Land gebracht wurde. Sie wurde gewählt wegen ihrer Stückelung, die etwa der crown entsprach. Bisher war sie in England wie auch in mehreren kontinentalen Ländern beliebte Handelsmünze gewesen.

Es handelte sich um den Peso fuerte, auch Piaster genannt, der, vom spanischen Staate geprägt, in Spanien noch staatliches Geld war, durch Schuld des Staates jedoch ein Opfer der Spekulation wurde und in Massen das Land verließ.

Trotz des Eindringens des Peso in England kann man aber von Synchartismus zwischen den beiden Ländern nicht reden. Denn der Spanier war, wie gesagt, in England zunächst nur Handelsmünze, also nicht begültigt.

Und selbst als dies geschah, als er als Geld begültigt wurde, wurde er damit nicht für England und Spanien synchartal.

Gleichwohl erwarb er sich mit diesem Augenblick (es war am 9. März 1797) ein Heimatsrecht dadurch, daß eine Königliche Verordnung erlassen wurde, welche der Bank von England die Ermächtigung erteilte, solche Pesos als Geld in England in Umlauf zu setzen.

Nicht der Staat also war Emittent, sondern die Bank von England auf Ermächtigung des Staates hin. Ihr wurde auch die Verpflichtung auferlegt, die „Dollars", wie man sie hier nannte, seinerzeit zum Ausgabekurs wieder anzunehmen, und sie ist dieser Verpflichtung auch nachgekommen.

Die Bank ließ die Dollars zunächst in die Goldsmith-hall wandern. Hier wurde auf den Nacken des spanischen Königsbildes ganz klein das Porträt Georgs III. aufgestempelt.

Die fremde Münze wurde also nicht in ihrer ursprünglichen Gestalt in das englische Geldwesen einverleibt. Nur die mit diesem Stempel versehenen Stücke sollten englisches Geld sein, also chartal zirkulieren, während die unveränderten Pesostücke, die in beträchtlichen Mengen im Lande vorhanden waren, nach wie vor Handelsmünze blieben und zirkulatorisch nicht verwendbar waren.

Diese Veränderung des Pesos ist ein Beweis dafür, daß es sich auch um einen Fall von einseitigem Synchartismus nicht handelte, denn die Stücke wurden nicht in ihrer ursprünglichen Gestalt übernommen, zirkulierten in England nicht mit demselben Äußern wie in Spanien. Selbst wenn ein derartig umgestalteter Peso nach seiner Heimat zurückgekehrt wäre, hätte er dort nicht mehr als Geld kursieren können. Rühe[1]) ist wenigstens ein derartiger Fall nicht bekannt.

Die Ausgabe dieser Dollars geschah in der Hauptsache gegen Noteneinlösung durch die Bank von England. Man wollte dem Volke zeigen, daß die Bank keineswegs von Metallgeld entblößt war, daß ihre Noten, wenn die Einlösung auch nicht mehr erzwungen werden konnte, doch keineswegs der metallischen Deckung entbehrten.

Insgesamt wurden 1797 2 325 099 Stück dieser gestempelten Dollars ausgegeben. Begültigt wurden sie zu Lst. — : 4 : 9, sodaß sich ihr Gesamtbetrag auf Lst. 552 211 : — : — belief.

Ursprünglich hatte man eine Begültigung auf Lst. — : 4 : 6 angekündigt; doch stellte sich heraus, daß ihr Metalläquivalent, nach dem Marktpreis für Silber berechnet, Lst. — : 4 : 8 betrug. Man hätte also mit ziemlicher Sicherheit darauf rechnen können, daß sie sofort nach ihrem Erscheinen verschwinden würden, da sie unterbegültigt gewesen wären. Daher entschloß man sich, weil sie im Umlauf festgehalten werden sollten, ihren Umlaufskurs auf Lst. — : 4 : 9 festzusetzen.

Diese Begültigung wurde den einzelnen Stücken jedoch nicht aufgeprägt, sondern durch Veröffentlichung der Bank von England bekanntgegeben.

Die Dollars wurden in das staatliche Geld aufgenommen. Denn Liverpool berichtet, daß sie hauptsächlich zur Löhnung der Matrosen und Angestellten in den Königlichen Docks Verwendung fanden. Diese Lohnzahlungen waren aber staatliche Akte, welche von staatlichen Beamten, den Zahlmeistern, vorgenommen wurden.

Daher stellten sich die Dollars infolge ihrer Benutzung bei apozentrischen Zahlungen als staatliches, und zwar akzessorisches Geld dar. Dabei waren sie aber fakultatives Geld, ein gewiß nicht allzu häufiger Fall, da sie weder der gesetzlichen Prägenorm genügten noch von Staats wegen geprägt waren, sondern lediglich proklamatorisch in Gültigkeit gesetzt wurden.

[1]) Rühe: Das Geldwesen Spaniens.

Natürlich setzt eine apozentrische Zahlung mit Dollarstücken ihr Eindringen in die Staatskassen voraus. Ob aber epizentrische Zahlung hiermit allgemein zulässig war, oder ob der Staat die erforderlichen Mengen bei der Emittentin direkt erhob, ist leider nicht mehr zu ermitteln. Doch ist — schon des guten Beispiels wegen, das er dem Volke gegeben hätte — als wahrscheinlich anzunehmen, daß der Staat, wenn auch vielleicht ohne offizielle Erklärung, sich zu ihrer Akzeptation bereit hat finden lassen. Denn wenn der Staat seinen Bürgern die Annahme der Dollars zumutete, konnte er selbst ihnen seine Kassen nicht gut verschließen.

Ein langes Leben war dem Eindringling aus dem Süden jedoch nicht beschieden.

Da die Originalpesos Handelsmünze geblieben waren, so hielten sich die gestempelten und mit Lst. — : 4 : 9 begültigten Dollars in der Praxis nur solange als Geld im Verkehr, als der Marktpreis für die Pesos diese Höhe nicht erreichte. Überstieg sein Preis jedoch die Begültigung der Dollars, so übersah man das aufgestempelte Abzeichen der letzteren und exportierte sie nach ihrem Marktwert.

Anderseits tauchten, wenn der Silberpreis sank, wie es in der zweiten Hälfte von 1797 der Fall war, sofort Originalpesos mit gefälschtem Dollarstempel auf. Diese wurden dann nicht als Handelsmünze nach dem Silberpreis des Marktes verkauft, sondern als Dollars der Bank von England untergeschoben und unter Ausnutzung der höheren Begültigung lytrisch verwendet.

Wenn auch vielleicht der Staat gegen diese Untermischung von Pesos und gestempelten Dollars nicht eingeschritten wäre, weil er froh war, für sein schlechtes und nur in geringer Menge vorhandenes Silbergeld Ersatz ohne sein Zutun zu bekommen, so ließ doch die Bank von England einen derartigen Eingriff in das Recht des Staates nicht zu. Auch war sie nicht gewillt, sich ohne weiteres die Kontrolle über die von ihr selbst ausgegebenen Dollars, die ja im Gegensatz zum Originalpeso allein Geld waren, nehmen zu lassen.

Sie entschloß sich daher, alle ihr dargebotenen Dollars, mit echtem sowohl wie mit gefälschtem Stempel gleicherweise, nach voraufgegangener Ankündigung vom 27. September 1797 in der „Gazette", in der Zeit vom 2. bis 21. Oktober 1797, einzuziehen; von diesem Tage bis zum Letzten des Monats nur noch die zweifellos echten, von ihr selbst ausgegebenen Stücke einzulösen.

Die eingegangenen Dollarstücke wurden eingeschmolzen und im Tower in sixpences, shillings und half-crowns umgeprägt.

Und obwohl der Dollar dem englischen Metallgeldwesen recht nützlich gewesen war und sich eine freundliche Erinnerung gesichert hatte, verzichtete man zu seinem Ersatz doch auf Gepräge fremder Staaten.

Er blieb der einzige Vertreter einer ausländischen Geldart im englischen staatlichen Geldsystem unserer Epoche.

Zwar werden wir im weiteren Verlauf dieser Untersuchung noch auf anderes ausländisches Geld im lytrischen Verkehr Englands stoßen, doch fehlte diesem, was im voraus bemerkt sei, die staatliche Akzeptation, es hatte also nicht wie der Dollar staatlichen Geldcharakter.

Nach dem für seine Einziehung festgesetzten Schlußtermin (also nach dem 31. Oktober 1797) waren die nicht präsentierten Dollars ebenso wie die Pesostücke, da eine Verwechslung mit einer staatlichen Münze nicht mehr möglich und ihre lytrische Verwendung dadurch ausgeschlossen war, von selbst wieder zur Handelsmünze degradiert.

b) Hilfsgeld privater Emission (Tokens).

Zum Zweck eines umfassenderen Überblicks gehen wir bei der Schilderung der Tokens über die für unsere Darstellung uns im übrigen geboten erscheinende periodische Einteilung hinaus. Wir können dies um so sorgloser tun, als ihre genetische und funktionelle Stellung weder durch Währungsänderung noch sonstige staatliche Maßnahmen irgendwie verschoben worden, sondern durch die ganze Zeit ihres Bestehens hindurch dieselbe geblieben ist.

Da der spanische Dollar seinen Zweck recht gut erfüllt hatte, war man darauf bedacht, die durch seine Einziehung entstandene Lücke wieder auszufüllen. So schuf die Bank von England mit Erlaubnis oder vielleicht gar auf Anregung des Staates eine eigene silberne Privatmünze. Diese trug das Bild Georgs III. mit der Inschrift: „Georgius III. Dei Gratia Rex", auf der Rückseite die Britannia und die Worte: „Five shillings dollar, Bank of England 1804".[1]) Die Bezeichnung Dollar hatte man für die Münze gewählt, um ihr durch diese Namensanlehnung an ihren beliebten Vorgänger eine leichtere und schnellere Aufnahme beim Volk zu sichern.

Ihre erste Ausgabe erfolgte vom 21. Mai 1804 ab.

Es liegt nun kein Grund zu der Annahme vor, daß diese Bank-Dollars nicht zu den Lohnzahlungen an die Marine verwendet worden seien, wie ihr Vorläufer. Es muß aber ausdrücklich betont werden, daß ihre Aufnahme unter das staatliche Geld wiederum nicht durch Gesetz erfolgte. Auch lag hierfür keine direkte Willenskundgebung der Regierung vor. Vielmehr beruhte sie zunächst auf einer Eigenmächtigkeit der Zahlmeister, die sich auf andere Art der benötigten Münzen nicht zu versichern wußten. Die Regierung schloß hierzu die Augen und gab ihr Einverständnis mit dieser Handhabung dadurch zu erkennen, daß sie durch besonderen gesetzlichen[2]) Schutz vom 10. Juli 1804 die Stücke vor Fälschungen und Nachahmungen zu bewahren suchte.

In den nächsten Jahren stieg nun der Silberpreis beträchtlich. Für die Bank von England drohte daher eine ähnliche Gefahr, wie sie der Staat von seinem Silbergeld nicht hatte abzuwenden vermocht. Durch platische an Stelle lytrischer Benutzung der Bank-Dollars hätte der Inhaber sich wiederum den Unterschied zwischen Silberpreis und Dollarbegültigung zu einem Gewinn gestalten können. Die Bank war jedoch auf ihrer Hut. Um einem Einschmelzen der Dollars und damit einer Verringerung der Umlaufsmittel vorzubeugen, setzte sie am

---

[1]) Geprägt wurden die Bank-Dollars bei Boulton.

[2]) Stat. 44. Geo. III. c. 70.

18. Mai 1811 die Begültigung dieser von ihr selbst zu 5 sh. ausgegebenen Stücke bis auf weiteres auf 5 sh. 6 d. herauf.

Nach einer Notiz in „The Gentleman's Magazine" vom 22. April 1811 wurden schon damals in der Erwartung einer Erhöhung der Begültigung Dollars aus dem Verkehr zurückgehalten, von der Bank jedoch eine Bekanntmachung erlassen, die ein Heraufsetzen der Geltung als nicht vorgesehen bezeichnete.

Da die weitaus größere Menge der Bank-Dollars dem Verkehr bereits übergeben, im Besitz der Bank nur wenige noch vorhanden waren, so bedeutete dieses Höherbegültigen für die Bank, die sich zur Annahme ihrer Dollars noch ausdrücklich bereit erklärte, ein beträchtliches Opfer im Staatsinteresse.

Sie behielt sich jedoch vor, diese Begültigung später nach vorher gegangener sechsmonatlicher Kündigung wieder zu reduzieren.

Die mit dem Hilfsgeld bisher gemachten Erfahrungen ließen eine weitere Vermehrung dieser Art Silbermünzen wünschenswert erscheinen. Im Jahre 1811 gab daher die Bank von England zum ersten Male sogenannte Tokens aus.

Von Gemeinden und gewerblichen Unternehmungen mit zahlreicher Arbeiterschaft waren derartige Tokens zu Lohnzwecken, besonders in Kupfer, schon lange geschaffen und benutzt worden. Sie stellten innerhalb des Machtbezirks der einzelnen Korporation ein provisorisches Privatgeld dar, das recht gern genommen wurde und das, solange das Fehlen bequemer Kommunikationsmittel den Inhaber an seinen Heimatsort fesselte und die heimischen Erzeugnisse zur Befriedigung der Lebensansprüche des Einzelnen genügten, auch vollkommen ausreichend war. Außerhalb der Gebietsgrenzen der Ausgabestelle waren sie als Zahlungsmittel in den meisten Fällen nicht zu verwenden. Auch ihre platische Ausnutzung war so gut wie ausgeschlossen, da ihr Gehalt an Edelmetall oft gleich Null war.

Die Bezeichnung Tokens war diesen Marken unter James I. beigelegt worden, der unter dem Ausdruck coin nur das vom Staate selbst geprägte Geld verstanden wissen wollte.

Aus zahlreichen Zeitungsangaben dieser Zeit ist zu entnehmen, daß von diesen Tokens gleichzeitig weit über tausend verschiedene Arten in Gebrauch waren.

Auch papierene Tokens gab es.

Von den bisher üblichen Tokens hoben sich die der Bank von England dadurch vorteilhaft ab, daß ihr Silbergehalt, berechnet zum Marktpreis, ungefähr ihrer Begültigung entsprach. Die dadurch gebotene Aussicht auf eventuelle reale Befriedigung erleichterte ihre Zirkulation.

Gestückelt wurden diese Bank-Tokens zu 5 sh. 6 d., zu 3 sh. und zu 1 sh. 6 d. Sie zeigten auf der Vorderseite ebenfalls das Bild des Königs mit der gleichen Inschrift wie die Bank-Dollars, während der Revers die Bezeichnung „Bank-Token" und die Begültigung trug.

Die Tokens zu 3 sh. und zu 1 sh. 6 d. gelangten am 9. Juli 1811 zur Ausgabe, nachdem diejenigen zu 5 sh. 6 d. schon vorher in den Verkehr gebracht worden waren.

Die Tokens

zu 3 sh. wogen 9 dwt. 11 gr., enthielten 8 dwt. 10,408 gr. Feinsilber, 1 dwt. 0,592 gr. Legierung,

zu 1 sh. 6 d. wogen 4 dwt. 17¼ gr., enthielten 4 dwt. 5,204 gr. Feinsilber, 0 dwt. 12, 296 gr. Legierung.

Eine zweite gleichartige Ausgabe erfolgte am 18. September desselben Jahres, der ein Jahr später, am 18. September 1812, eine dritte, diesmal jedoch nur in Stückelungen zu 3 sh. und zu 1 sh. 6 d. sich anschloß.

Im Wortlaut aller gesetzlichen Erlasse, die den Weiterbestand der Tokens sichern sollten, wurde auf den für den öffentlichen Verkehr praktischen Wert der Stücke und das Verdienst, das die Bank von England sich mit ihrer Schaffung um den Staat und das Gemeinwohl erworben habe, ausdrücklich hingewiesen.

Darin lag, versteckt angedeutet, eine Empfehlung zu möglichst ausgedehnter Benutzung. Die direkte gesetzliche Anerkennung wurde erst viel später nachträglich ausgesprochen.

Die Bank-Tokens blieben während ihrer ganzen Lebensdauer provisorisches Geld. Sie mußten bei der Bank von England, nicht an den Staatskassen umgetauscht werden auf Verlangen. Aber die Bank gab dafür nicht Gold, auch nicht Silbergeld staatlicher Prägung, sondern ihre eigenen Noten, die ja definitiv waren. Bei der dem Volke angeborenen Bevorzugung des Metallgeldes gegenüber dem Papier behielt man daher lieber die Tokens. So erklärt es sich auch, daß sie nicht so schnell aus dem Verkehr verschwanden und sich mehr als ein Jahrzehnt hindurch hielten.

Die Tarifierung der Bank-Dollars von 5 sh. auf 5 sh. 6 d. scheint entweder nicht immer allgemein bekannt gewesen zu sein oder aber gar — was wir jedoch kaum annehmen können — von der Bank von England selbst gelegentlich nicht respektiert worden zu sein. Möglich ist auch, daß Spekulanten es wieder verstanden, diese Dollars entsprechend ihrer Aufschrift mit 5 sh. zu erwerben und unter Berufung auf die proklamatorisch erfolgte höhere Begültigung zu 5 sh. 6 d. weiter zu begeben. Die Tätigkeit der Geldfälscher setzte auch hier ein und brachte es fertig, 5 sh. Dollars in 5 sh. 6 d. Tokens zu verwandeln; ein Beispiel für die früher erwähnte Geschicklichkeit.

St. Jame's Chronicle erwähnt im November 1815 und dann nochmals am 9. bis 11. Januar 1816 mehrere derartige Fälle.

Wäre der Fünf-Schilling-Bankdollar immer und überall seiner Höherbegültigung entsprechend mit 5 sh. 6 d. gegeben und genommen worden, so wäre aus einer Umänderung in ein Token dem Inhaber ein Vorteil nicht entsprungen.

Bald darauf näherte sich der Marktpreis für Silber wieder seinem früheren Münzpreis. Die Bank von England machte daher von ihrem Kündigungsreservat Gebrauch und erklärte am 25. April 1816, daß die Begültigung auf 5 sh. 6 d. nur noch bis zum 1. November desselben Jahres in Kraft bleiben solle; sie sah sich jedoch gezwungen, am 26. September 1816 den Zeitpunkt für die Geltungsreduzierung bis auf den 1. Februar 1817 und am 16. Januar 1817 nochmals, diesmal endgültig, bis zum 1. Mai 1817 hinauszuschieben.

Nach diesem Tage wurden die Dollars wieder, wie im Anfang, mit 5 sh. bezahlt in Übereinstimmung mit ihrem Aufdruck.

Die Rückkehr zur ursprünglichen Begültigung erfolgte auch, um eine für die nächste Zukunft zu erwartende gänzliche Einziehung vorzubereiten. Denn es war begründete Aussicht vorhanden, daß der Staat, der inzwischen die Reform seines Geldwesens selbst in die Hand genommen hatte, die Dollars und Tokens der Bank nunmehr als entbehrlich bezeichnen würde. Wir kommen an anderer Stelle noch darauf zurück.

Als im Jahre 1811 die Bank von England zum ersten Male mit Tokens an die Öffentlichkeit getreten und die Aufnahme derselben unter das staatliche Geld stillschweigend geschehen war, hielt sich eine Reihe von Banken und ähnlichen Instituten zu gleichem Vorgehen für berechtigt.[1])

Der Staat schritt jedoch, als er merkte, daß derartige Tokens auch außerhalb des Kundenkreises der einzelnen Firmen zirkulatorische Verwendung fanden, sofort mit gesetzlichen Verfügungen dagegen ein. Am 29. Juli 1812 wurde durch Gesetz[2]) die Herstellung von Gold- und Silbertokens überhaupt untersagt. Es hatte sich nämlich herausgestellt, daß die Dollars und Tokens der Bank mit ihrem hohen Gehalt an Feinsilber von den großen Privatinstituten eingeschmolzen und aus dem daraus gewonnenen Metall die oben genannten vielfachen Tokens mit verschwindend geringem Feingehalt hergestellt wurden.

Gleichzeitig wurde die Einziehung der schon in den Ver-

---

[1]) Derartige in den Jahren 1811 und 1812 entstandene silberne Privat-Tokens waren beispielsweise:

„Northumberland and Durham XXX pence Token 1811".

Dasselbe zu 1 sh. 6 d., zu 1 sh. in zweifacher Ausführung („Northumberland and Durham 12 d. Token 1812" und „Northumberland and Durham 1812. British one shilling Token"), ferner ein gleiches zu 6 d. Dann „Bewick Main colliery 1811 One shilling Token" ebenfalls in zweifacher Ausgabe; „Silver Token 1 shilling. Stockton 1812". Wieder andere tauchten in Bristol, Southampton usw. auf.

[2]) Stat. 52. Geo III. 157. siehe Anhang.

kehr gedrungenen Privat-Tokens verfügt. Zu diesem Zwecke wurde eine Frist bis zum 25. März 1813, dann bis zum 5. Juli 1813 gegeben. Als auch dieser Zeitraum noch zu kurz bemessen sich erwies, um den Ausgabestellen die Einziehung dieser Tokens zu ermöglichen, wurde ihre Zirkulation schließlich am 26. November 1813 nochmals durch Gesetz [1]) bis sechs Wochen nach Anfang der nächsten Parlamentsperiode freigegeben.

Nach diesem Zeitpunkt mußten sie aus dem Verkehr verschwunden sein oder durften doch keinesfalls mehr als Zahlungsmittel benutzt werden.

Der Emittent blieb jedoch auch weiterhin bei etwaigem vereinzelten Auftauchen seiner Tokens dem Inhaber gegenüber zum Ersatz entsprechend dem Aufdruck verpflichtet.

Gegen die Weiterbenutzung von Kupfertokens glaubte der Staat nicht einschreiten zu müssen. Sie wurden von den Gesetzen nicht betroffen.

Besonders hervorgehoben wurde im Wortlaut noch, daß sich die gesetzlichen Bestimmungen nicht auf die Ausgaben der Bank von England erstreckten.

Unseres Wissens war dies in der ganzen Zeit seit 1797 das einzige Mal, daß sich der Staat in einem Gesetze mit den Privattokens beschäftigte, um die er sich sonst nicht kümmerte, da sie sein Geldwesen nicht berührten und nicht störten.

Leider ist es nicht mehr möglich, festzustellen, wieviel solcher Bank-Dollars und Bank-Tokens die Bank von England im Laufe der Jahre in die Kanäle des staatlichen Geldsystems hat einfließen lassen. Lord Liverpool (der Zweite) glaubt, am 30. Mai 1816 ihren noch im Umlauf befindlichen Gesamtbetrag mit einer Bezifferung auf Lst. 3 700 000 : — : — annähernd treffend angeben zu dürfen.

Nach den bei Cobbett enthaltenen Belegen ergibt sich:

Bis zum 8. Februar 1810 wurden ausgegeben von der Bank von England

---

[1]) Stat. 54. Geo III. 4 § II.

Dollars (Pesos)					
1797	Stück	2325099	zu 4 sh. 9 d.	—	Lst. 552211,—,—
Bank-Dollars					
1804	Stück	1419484	zu 5 sh.	—	Lst. 354871,—,—
1809/10	„	1073051	„ 5 „	—	„ 268262,15,—
v. 8. 2. 1810 bis 19. 2. 1811	„	1970274	„ 5 „	—	„ 492568,10,—
v. 19. 2. 1811 bis 13. 4. 1812	„	424584	„ 5 „	—	„ 106146,—,—
	„	21340	„ 5 „ 6 d.	—	„ 5868,10,—
Tokens					
	„	7222446	„ 3 „	—	„ 1083366,18,—
	„	3361171	„ 1 „ 6 d.	—	„ 252087,16,6

insgesamt also Stück 17817449 im Betrage von Lst. 3115382,9,6

Dagegen vermag er die Summe der noch zirkulierenden Silbermünzen staatlichen Gepräges auch nicht schätzungsweise zu nennen. Doch hält er zum Ersatz derjenigen Schillinge und Sechspfennigstücke, deren Abnutzung mehr als 30 % betrug, Lst. 2 500 000 in neuer Münze für ausreichend.

Wir verlassen hiermit das Geld privaten oder fremden Ursprungs, um dem ersteren bei Besprechung des Münzgesetzes von 1816 nochmals kurz zu begegnen.

§ 4. DIE ENTWICKELUNG DES KUPFERGELDES SEIT 1797.

Vor dem Jahre 1797 besaß England nur Kupfergeld in Stückelungen zu halfpennies und farthings. Im Juli dieses Jahres erteilte die Regierung einer Privatprägeanstalt eines gewissen Boulton[1]) in Soho bei Birmingham den Auftrag zur Ausprägung von Kupfer in Münzen zu einem penny und 2 pences, die durch Proklamation vom 26. Juli 1797 dem Verkehr übergeben wurden. Ursprünglich hatte man die Absicht, das hierzu erforderliche Münzkupfer staatlicherseits zu liefern. Man kam jedoch hiervon wieder ab und verpflichtete die Anstalt zur Lieferung des fertigen Geldes.

[1]) Bisher war das vom Staate ausgegebene Geld immer von ihm selbst geprägt worden. Zum ersten Male erfolgte ein solcher Auftrag an eine Privatfirma zur Lieferung von Geldmünzen. Damit wurde aber dem staatlichen Prägemonopol kein Abbruch getan.

Eine weitere Prägung, diesmal von halfpennies und farthings, wurde 1799 am 4. Dezember durch Proklamation angeordnet.

Das Münzmetall bestand aus reinem Kupfer ohne Legierung. Der Münzfuß war so festgesetzt, daß aus einem Pfund Kupfer

8 Twopence-Stücke oder
16 Penny-Stücke oder
32 Halfpenny-Stücke oder
64 Farthings

geschlagen werden sollten.

Boulton prägte nach Liverpool insgesamt für nominell Lst. 282 075 : 5 : 8 Kupfergeld aus, und zwar

Twopenny	Pieces	für	Lst.	6 019 : 15 : 8 [1])
Penny	„	„	„	183 177 : 18 : 6
Halfpenny	„	„	„	88 506 : 18 : 4
Farthing	„	„	„	4 370 : 13 : 2

Die Begültigung der beiden ersten Münzsorten entsprach ihrem Kupfergehalt zuzüglich der Prägekosten. Der Staat trug also den für letztere erforderlichen Aufwand nicht. Die kritische Höhe ihrer Zwangsannahme wurde auf 1 sh. festgesetzt.

Ein Penny- Stück wog 1 Unze Avoirdupois
„ Twopence- „ „ 2 „ „

Die Vorderseite zeigte das Bild des Königs mit seinem Namen und Titel, die Kehrseite die Britannia auf einem Felsen im Meer mit einem Dreizack in ihrer Linken und einem Ölzweig in der Rechten; dazu das Jahr der Prägung.

Als sie fertiggestellt waren, stieg der Preis des Kupfers, sodaß es nicht möglich war, die kleineren Stückelungen in demselben Gewichtsverhältnis herzustellen. Nach dem Wortlaut der Proklamation vom 4. Dezember 1799 hätten aus einem

[1]) Nach „Annals of the coinage“ ist es zweifelhaft, ob 2 pence-Stücke überhaupt geprägt wurden; wenn dies geschehen ist, so sind sie nach derselben Quelle nicht in den Verkehr gebracht worden.

Pfund Kupfer 32 halfpenny-Stücke ausgebracht werden sollen. Auf Vorstellung der Prägeanstalt wurde jedoch [1]) eine neue Proklamation erlassen, die es ihr verstattete, 36 solcher Stücke aus einem Pfund zu prägen.

Dadurch wurde die zwischen den einzelnen Stückelungen derselben Geldart wünschenswerte Gehaltsproportion unterbrochen. Der Münzfuß für die beiden größeren Kupfermünzen war unter sich gleich, aber besser als der der beiden niederen Sorten, die unter sich wieder im Verhältnis übereinstimmten. Diese letzten hatten Annahmezwang bis zu 1 sixpence. Es existierte also jetzt kupfernes Scheidegeld mit verschiedener kritischer Höhe. [2])

Bei der chartalen Geltung aller Kupfermünzen mußte auch hier, da man das Geld bei einer gewissen Mindestgewichtsgrenze nicht einzog, wieder der alte Krebsschaden des englischen Geldwesens auftauchen: In Zeiten, da der Kupferpreis hoch war, schmolz man die Stücke mit dem verhältnismäßig stärkeren Kupfergehalt ab oder gänzlich ein.

Besonders auffällig machte sich dies im Jahre 1805 bemerkbar, als der Gewinn, den man auf diese Weise erzielte, sich auf etwa ein Drittel des Münzwertes bezifferte.

Die Kupfergeld-Zirkulation wurde dadurch so sehr geschwächt, daß man sich staatlicherseits zu einer Neuprägung im Jahre 1806 entschloß und für diese eine andere Grundlage wählte.

Wiederum wurde der Privatprägeanstalt von Boulton [3]) die

---

[1]) Laut Anzeigen vom 25. bis 28. 1. 1800 in St. James' Chronicle.

[2]) Proklamation vom 4. 12. 1799.

[3]) Diese Aufträge an die Firma Boulton stellen einen Versuch des Staates zur technischen Vervollkommnung seiner Münzen dar.

Boulton betrieb bis zum Jahr 1767 in Soho eine Werkstatt zur Fabrikation von Metallwaren, wie z. B. Uhrketten u. dergl., die durch Wasser- und Pferdekraft betrieben wurde. Dann führte er Dampfmaschinen ein. 1775 verband er sich mit James Watt zur Herstellung von Dampfmaschinen für Minen- und Fabrikbetrieb. 1788 wandte er die Dampfmaschine zum erstenmal zur Geldprägung an und hatte hier bald sehr gute Erfolge zu verzeichnen.

Prägung von Penny-, Halfpenny- und Farthing-Stücken für staatliche Rechnung in Auftrag gegeben.

Sie wurden diesmal geschlagen nach dem Münzfuß:

	24 Penny- Stücke	aus einem Pfund Kupfer.
oder	48 Halfpenny- „	
oder	96 Farthing- „	

Insgesamt wurden 600 tons Kupfer monetisiert; und zwar 150 tons für pennies, 427½ tons für halfpennies und 22½ tons für farthings.

Abgesehen von ihrem Gehalt, waren sie den Stücken der Prägung von 1799 gleich. Die Begültigung der Kupfermünzen wurde heraufgesetzt, der Münzfuß also verschlechtert.

Während die bisherigen staatlichen Prägungen immer mit der „mill and crew" durch Handbetrieb hergestellt worden waren, kam bei den Kupferprägungen von 1797 ab erstmalig die Dampfkraft in Anwendung. Es waren hierfür 8 Maschinen aufgestellt, deren jede nur von einem Knaben bedient wurde und 70 bis 90 Kupfermünzen in der Minute herstellte.

Durch die maschinelle Prägung wurde jedes einzelne Stück vollkommen rund und die gleichartigen Münzen an Dicke und Durchmesser völlig übereinstimmend, was bisher nie gelungen war.

Dazu kam die Schnelligkeit der Arbeit, die eine Prägung, zu der man noch vor Jahrzehnten mehrere Jahre gebraucht hatte, in wenigen Monaten ermöglichte.

Die Kupfermünzen fielen denn auch so überraschend zufriedenstellend aus, daß man später die Silberneuprägung ebenfalls Boulton übertrug und in der Zwischenzeit die staatlichen Münzstätten modernisierte.

Boulton erhielt von verschiedenen Fürstlichkeiten des Auslands verlockende Anerbieten für die Mitteilung seiner Prägekunst und die Lieferung seiner Maschinen bezw. die Errichtung ähnlicher Münzwerkstätten in ihren Gebieten. Ja, man schickte vom Ausland sogar Spione, die sich als Arbeiter bei Boulton anwerben ließen — ein in manchen Industrieen noch heute beliebtes Verfahren —, um so seine Geheimnisse auskundschaften und in ihrer Heimat zu nutzbringender Verwendung verwerten zu können.

Man mag daraus ersehen, wie hoch die maschinenmäßige Prägung mit ihren Vollkommenheiten gegenüber der bisherigen Münzschaffung eingeschätzt wurde.

Eine Einziehung der früheren Prägungen fand nicht statt; auch der ältesten nicht. In aller ihrer schlechten Verfassung bestanden sie neben der Neuausgabe weiter.

Das Publikum zeigte diesen durch vieljährigen Gebrauch und ungesetzmäßige Abschmelzung fast wertlos gewordenen alten Stücken gegenüber jedoch eine immer stärker werdende Abneigung, die sich im Jahre 1813 so gesteigert hatte, daß ihre Akzeptation fast überall im parazentrischen Verkehr offen abgelehnt wurde. Infolgedessen sah sich die Regierung genötigt, durch den Chancellor of the Exchequer in St. James' Chronicle am 27. Dezember 1813 daran zu erinnern, daß die alten, wenn auch noch so schlechten Stücke immer noch staatliches Geld in der Stellung von Scheidegeld mit der kritischen Höhe von 1 sh. seien, die zu ihrer chartalen Geltung gegeben und genommen werden müßten und bei einer etwaigen späteren Einziehung auch nach ihrer Begültigung bezahlt werden würden.

Diese kritische Höhe war auch bei dem neuen Kupfergeld beibehalten worden.

Mit der Zeit tauchten überall private Kupfertokens auf, die in England von alters her üblich und beliebt waren. Dadurch, daß die einzelnen Betriebe, die als Emittenten von Tokens private Zahlgemeinschaften darstellten, Münzverbände schufen, indem sie sich gegenseitig zur Einlösung ihres Privatgeldes vertragsmäßig bereit erklärten, fand dieses eine Verbreitung und Vermischung mit dem Geld staatlicher Ausgabe, die Gefahr für dieses zu bringen drohte. Durch Gesetz [1]) wurde daher am 27. Juli 1817 die Ausgabe und Benutzung solcher Privattokens nach dem 31. Dezember 1817 überhaupt verboten. Nur mit zwei Arten von Kupfertokens wurde eine Ausnahme gemacht. In den Jahren 1811, 1812, 1813, 1814 und 1815, als der Mangel an kleinem Hartgeld besonders drückend war, hatten auch kommunale Verwaltungen zur Versorgung der niederen Bevölkerungsklassen, besonders durch ihre Armenfürsorgebeamten, Penny-Tokens ausgegeben. So die Städte Sheffield und Bir-

---

[1]) Stat. 57. Geo. III. ch. 46.

mingham. Diesen beiden wurde nun die gesetzliche Ermächtigung erteilt, die Einziehung bis zum 25. September 1823 bzw. bis zum 25. März 1823 vorzunehmen, ihnen dabei aber nahe gelegt, schon vorher den Umlauf nach Möglichkeit zu verringern.

Mit dieser Säuberung des Kupfergeldumlaufs begnügte man sich aber nicht, sondern verfügte am 18. Januar 1815 durch Proklamation die Einziehung aller vor dem 26. Juli 1797 geprägten und dem Verkehr übergebenen Kupfermünzen staatlicher Herkunft. Die Einziehung geschah nach einem besonderen Verfahren.

Die Münzen mußten in Beuteln eingeliefert werden. Jeder Beutel sollte 56 Pfund Avoirdupois wiegen und im Durchschnitt je 55 Münzen auf 1 Pfund gehen, sodaß also jeder Beutel 55mal 56 = 3080 Stück enthielt. Gegen Einlieferung von mindestens drei solcher Beutel an die Königliche Münze wurden Lst. 6 : 8 : 4 p. Beutel bezahlt.

Also nicht eine Einlösung nach der Geltung erfolgte, sondern eine morphisch-pensatorische Einziehung.

Für den eingelieferten Betrag wurde zunächst ein Zettel mit der Höhe der Summe gegeben und dieser Zettel dann nach einem Monat, nachdem die Beutel auf ihren Inhalt hin geprüft waren, eingelöst.

Die Einziehung scheint jedoch nicht genügt zu haben, denn im Dezember 1817 erschien eine gleiche Proklamation, die bis zum Ende des Jahres eine letztmalige Einziehung unter den gleichen Bedingungen verkündete.

Wenn diese Einziehung des alten staatlichen Geldes auch praktisch bei der Neuausgabe der Kupfermünzen schon hätte erfolgen müssen, so zeigt ihr zeitliches Zusammentreffen mit der Einziehung des alten Silbergeldes bei dessen Neuprägung doch, daß der Staat das prinzipiell wesentliche eines solchen Verfahrens erkannt hatte, nämlich, daß es für ihn unpraktisch ist, zu gleicher Zeit Münzen von gleicher funktioneller Stellung zu haben, die genetisch verschieden sind.

Nachdem die Einziehung beendet war, bestand das kupferne

Scheidegeld des Landes nur aus den verhältnismäßig neuen Prägungen seit Juli 1797, die oben geschildert wurden.

§ 5. DIE FOLGEN DES MANGELS AN EINRICHTUNGEN FÜR DIE BEFESTIGUNG DES GOLDPREISES.

Durch eine lange Reihe von Gesetzen schon früherer Herrscher[1]) war der Inhaber des jeweiligen Gold- und Silbergeldes Englands in dessen freier Benutzung beschränkt worden. In Zeiten pekuniärer Verlegenheiten des Staates waren diese Gesetze allmählich verschärft und erweitert worden. Auf ihrer Übertretung stand hohe Geld- und zum Teil auch Freiheitsstrafe.

Bis zu dem Zeitpunkt, da unsere Untersuchung einsetzt, hatte man zur Überwachung der Befolgung dieser Gesetze sogar ein regelrechtes Kontrollsystem ausgearbeitet und eingerichtet, von dessen praktischem Funktionieren man sich ein gewaltsames Festhalten des Metallgeldes im Inlande versprach.

Der Handel und Export englischer Gold- und Silbermünzen war überhaupt verboten. Untersagt war ebenfalls ihr Einschmelzen und die gewerbliche Verwendung, sowie Kauf und Verkauf der daraus zu bildenden Barren.

Erst wenn das Geld des Landes durch Abnutzung in seinem Gewicht unter das Passiergewicht gesunken und damit demonetisiert worden war, war es dem Inhaber zu beliebiger stofflicher Verwendung für das Inland freigegeben.

Nicht berührt wurde von diesem gesetzlichen Verbot der kommerzielle Austausch sämtlicher ausländischer Münzen, in ihrer ursprünglichen Form sowohl, wie eingeschmolzen.

Ferner durfte alles inländische (der Begriff „inländisch“

---

[1]) Statutes 9. E 3. c. 1. 2; — 17. E 3. c. 1; — 27. E 3. c. 1. 28. E 3. c. 1; — 5. Rich. II. c. 1; — 17. Rich. II. c. 1. 6. u. 7. William III. c. 17 § 5. u. 7; — 7. u. 8. William III. c. 19 § 6. u. a.

bezieht sich auf den englischen Kolonialbesitz mit) nicht gemünzte und nicht aus englischem Geld herrührende Edelmetall gehandelt werden, also z. B. Schmuckgegenstände und Prunkstücke (etwa aus Kirchen- und Klosterbesitz); ebenso der Ertrag von Goldminen und Goldwäschereien.

Der einfache englische Privatmann wurde von diesen Bestimmungen scheinbar wenig berührt. Bedenkt man aber, daß die Engländer von jeher eine seefahrende Nation waren und daß der weitaus größere Teil der Bevölkerung mehr oder weniger am direkten kaufmännischen Verkehr mit überseeischen Völkern teilnahm, so erhalten die Gesetzesvorschriften schon größeres Gewicht.

Denn jeder Kaufmann muß seine Warenbezüge natürlich bezahlen. Dem englischen Kaufmann war die Bezahlung seiner vom Ausland bezogenen Waren mit Metallgeld gesetzlich unterbunden. Das Papiergeld, das noch dazu nicht einlösbar war, war für diesen Zweck von vornherein ungeeignet.

Es blieb ihm also nach dem Ausland hin nur die Zahlung mit Wechseln übrig, deren Unterbringung nicht immer möglich, zum mindesten nicht immer vorteilhaft war, oder die Anschaffung ausländischen Goldes für die Begleichung seiner Auslandsrechnungen.

Wenn der englische Staat bei Erlaß der Beschränkungsgesetze der Ansicht gewesen war, daß die englische Handelsbilanz dem Ausland gegenüber immer ein englisches Plus zeigen müsse, daß also immer ein Hereinströmen von Metallgeld, niemals ein Abfluß zu verzeichnen sein werde, so offenbart sich zwar darin ein sehr stolzes Kraftbewußtsein; aber schließlich kann es selbst dem produktionskräftigsten Handelsvolk auch ohne eigene Schuld passieren, daß es Schuldner des Auslands wird, also Geld ausführen muß. In jedem derartigen Fall erhoben sich alsdann verlustreiche Schwierigkeiten.

Bei dem für den Handel freigegebenen Edelmetall war zu unterscheiden zwischen solchem, das für den Verbrauch im Inlande und solchem, das zum Export ins Ausland bestimmt war.

Für den Umsatz des letzteren hatte man die Mitübergabe eines amtlichen Ursprungsattestes zur Bedingung gemacht.

Dieses Ursprungsattest wurde auf folgende Weise erteilt.

Der gesamte Handel in Edelmetallen, für den inländischen Bedarf sowohl wie für Exportzwecke, war in den Händen einiger weniger Londoner Großfirmen zentralisiert (ihre Zahl wird auf höchstens 20 geschätzt), unter denen das Haus Mocatta and Goldsmid eine führende Stelle einnahm. Sie unterhielten eine Reihe von Agenten und Aufkäufern, die ihren Wohnsitz nicht nur in der Hauptstadt selbst hatten, sondern über das ganze Land verstreut waren.

Wer nun Gold zum Zwecke der Ausfuhr verkaufen wollte, suchte einen solchen Agenten auf und verständigte sich mit ihm über den zu zahlenden Preis. An einem für diesen Akt amtlich besonders festgesetzten Tage der Woche begaben sich alsdann beide auf das Rathaus, wo sich der „Court of aldermen" versammelte. Und vor diesem Magistratskollegium mußte der Verkäufer schwören: „that no part of the gold he produce has been the current coin or clippings or meltings of the current coin of this country". Der Wortlaut der Eidesformel war gesetzlich vorgeschrieben.

Hatte der Verkäufer den Eid geleistet, so erhielt er das erwähnte Ursprungsattest. Und erst auf Grund dieses Zertifikats durfte der Kauf abgeschlossen werden.

An Maklergebühr wurde $^1/_8$ % erhoben.

Jeder derartige offizielle Handel wurde darauf in einer hierfür besonders eingerichteten Abteilung der Bank von England, dem „bullion-office" aufgezeichnet. Hier wurde ein Buch geführt, in welchem die Namen von Käufer und Verkäufer, die Menge des umgesetzten Goldes, der Preis und der Tag des Handels notiert wurden.

Eine solche Bucheintragung entsprach also etwa unserem heutigen Schlußschein.

Dieses „bullion-office" war jedoch keine staatliche Einrichtung, sondern eine private, kommerzielle Aufsichtsstelle und scheint schon bei der Gründung der Bank geschaffen worden zu sein. Sie wurde auch in Anspruch genommen, wenn die Bank selbst an dem Handel in keiner Weise beteiligt war.

Die Benutzung des „bullion-office“ war im Laufe der Zeit der Bevölkerung so allgemein geläufig geworden, daß diejenigen Umsätze, welche nicht zur Kenntnis der Bank gelangten, verhältnismäßig gering gewesen sein müssen, auf die Preisbildung für Edelmetalle im Lande einen wesentlichen Einfluß keinesfalls gehabt haben können.

Die Aufkäufer unterschieden bei ihrer Preisbemessung scharf zwischen Gold, das sie nach Ableistung des Eides durch den Verkäufer erstanden hatten, und Gold ohne Zertifikat. Für Barren, welche „abgeschworen“ waren, wie man sagte, die sich also zum Export eigneten, zahlten sie durchschnittlich 2 bis 4 d. p. oz. mehr, als für solche, bei deren Hergabe der Verkäufer den Eid über den Ursprung nicht hatte auf sich nehmen wollen oder können, die also nur für das Inland verwendbar waren. Noch teurer, um weitere ca. 2 d. p. oz. höher, wurde fremdes Gold in Münzform bewertet, weil man hierfür auf dem Festlande bessere und schnellere Verwendung fand, da an den meisten kontinentalen Marktplätzen der Handel in Münzen im allgemeinen üblicher war als in Barrengold.

Dadurch, daß er den Export der Edelmetalle an ein staatliches Zertifikat knüpfte, glaubte der Staat eine genügende Kontrolle ausüben zu können. Zu allem übrigen hatte er daneben noch ein amtliches Spitzelkorps geschaffen. In den Seehäfen waren gesetzlich bevollmächtigte Beamte tätig, die jedes nach einem Auslandshafen bestimmte Schiff daraufhin untersuchen mußten, ob es Gold, das zur Ausfuhr nicht freigegeben war, an Bord führe.

Schließlich waren für denjenigen, der einen Fall heimlicher Goldausfuhr zur Anzeige brachte, hohe Belohnungen ausgelobt.

Alle diese Vorkehrungen hatten jedoch in der Praxis nicht den vom Staat erhofften Erfolg.

In der Hauptsache lag das daran, daß sie prinzipiell verfehlt waren. Denn das ganze umständliche, lästige System und besonders die Beschränkungsgesetze selbst waren nicht dazu angetan, die Wohlfahrt des handeltreibenden englischen Volkes zu sichern und zu heben. Insofern handelte der Einzelne, wenn er sich, um pekuniären Nachteilen vorzubeugen, zur Übertretung dieser unpraktischen Gesetze verleiten ließ, gewissermaßen in Notwehr.

Und solche Übertretungen bildeten bald die Regel. Warum?

Durch den Erlaß der genannten Beschränkungsgesetze hatte man zwischen dem Gold als Metall und dem in Geld verwandelten Gold im Lande einen Unterschied gemacht, der die schwersten Folgen zeitigte. Der Hylophantismus für Gold war durch sie ausgeschlossen.

Der Hylophantismus hat den Zweck, die obere Preisgrenze für das hylische Metall ein für allemal festzulegen, also zu verhindern, daß der Marktpreis des hylischen Metalles diese obere Preisgrenze überschreitet. Das setzt aber voraus, daß die Nachfrage nach dem hylischen Metall auf dem Markte außer in dem dortigen Angebot auch genügende Befriedigung durch das gesuchte hylische Metall in seiner Geldgestalt findet. Ist das, wie hier, nicht der Fall, wird also durch das staatliche Geld die Nachfrage nach dem im Geld steckenden hylischen Metall nicht befriedigt, so ist der Hylophantismus nicht vorhanden, zum mindesten beschränkt.

Mit anderen Worten, es muß dafür gesorgt werden, daß die „Hyle" aus dem Geld auch tatsächlich „erscheinen" kann, daß also das Geld ebenso in Metall rückverwandelbar ist, wie das Metall durch Verkauf an die Münzstätte in Geld verwandelt werden kann. Die reale Befriedigung durch das im Geld steckende Metall darf nicht gewaltsam verhindert werden. Dem Inhaber des Geldes muß freigestellt sein, bei dessen Verwendung sich für zirkulatorische oder platische Befriedigung, je nach seinem Gutdünken, also nach seinem Vorteil, selbst zu entscheiden.

Tut man das nicht, so ist von einem „Hylo"-Phantismus keine Rede.

Mag jedermann auch die Möglichkeit haben, sich in jeder Menge das valutarische Geld zu verschaffen, solange alsdann die reale Befriedigung ausgeschlossen, zwangsweise dem Gelde nur zirkulatorische Befriedigung des Inhabers beigegeben ist, solange erscheint eben die „Hyle“ nicht!

Das Geld bleibt dann Geld, wird nicht wieder Metall! Wer aber am Geld weniger Interesse hat als am Geldmetall, wer das Geldmetall braucht, nicht das gemünzte Geld, der kann bei seiner Nachfrage nach dem Geldmetall durch das im Valutarismus vom Staate angebotene Geld nicht befriedigt werden. Er schlägt das Geldangebot des Staates aus und nimmt das Metallangebot des Marktes an. Auch wenn dieses für ihn teurer ist!

Zu bestimmtem Zweck — er will beispielsweise einen goldenen Prunkbecher anfertigen — braucht er das hylische Metall Gold. Dieses ist zu erhalten auf dem Markte und in dem staatlichen Goldgelde. Aber das letztere darf er nicht umformen. Es muß Geld bleiben. Er kann daraus keinen Goldpokal herstellen. Also nimmt er das Goldmetall des Marktes zu seiner Arbeit, auch wenn er das Goldgeld billiger haben kann. Mit dem auf dem Markte erstandenen Goldmetall kann er machen, was er will, also auch einen Pokal fabrizieren, wie er es vorhat. Es ist daher für ihn wertvoller, als das im Goldgeld steckende Gold, mit dem er als Metall nichts beginnen kann.

Zwei bei dem Versuch der Einrichtung einer hylodromischen Verwaltung für das Gold untergelaufene Organisationsfehler waren Schuld daran, daß es dem englischen Staat nicht gelungen war, die Herrschaft über den Preis seines hylischen Metalls an sich zu reißen:

Erstens war das zum valutarischen Geld erklärte Goldgeld nicht jedem Staatsbürger zugänglich und zum anderen war dem Empfänger und Inhaber valutarischen Goldgeldes der Entscheid zwischen realer und zirkulatorischer Benutzung desselben nicht freigegeben.

Die staatlichen Kassen waren noch zu sehr zentralisiert, als daß die einzelnen Staatsuntertanen im ganzen Königreich bequem von ihnen hätten apozentrische Zahlungen entgegen nehmen können. Der einzelne Bürger kam, da Staatskassen nicht in genügender Zahl über das ganze Land verbreitet waren, mit ihnen zu wenig in Berührung.

Erschwerend trat der Umstand hinzu, daß nach der gesetzlichen Aufhebung der Noteneinlösung durch die Bank von England seit dem Jahre 1797 in England eine provisorische Geldart nicht mehr vorhanden war. Solange die Noten der Bank in das valutarische Geld einlösbar gewesen waren, also vor dem Jahre 1797, hatte jedermann die Möglichkeit gehabt, täglich im parazentrischen Geldverkehr sich Banknoten zu verschaffen und diese dann durch Präsentation an der Ausgabestelle in das Währungsgeld des Landes umzuwechseln. Durch die Verfügung der Bank-Restriction war das anders geworden. Die Möglichkeit, die Ausgabe valutarischen Geldes zu erzwingen, war auf wenige Fälle beschränkt worden. Eine apozentrische Zahlung in valutarischem Gelde konnte nur erzwingen, wer eine fällige Forderung an den Staat hatte, wer also vielleicht eine Rechnung über gelieferte Materialien für Staatsbauten (etwa Straßen- oder Hafenanlagen) präsentieren konnte, oder wer im Besitz eines gekündigten Papiers einer Staatsanleihe war, oder wer seine Beamteneigenschaft mit Anspruch auf Gehalt oder Ruhegeld nachzuweisen vermochte.

Alle andern, also die bei weitem meisten Staatsangehörigen hatten im allgemeinen keine Gelegenheit, von einer öffentlichen Kasse das valutarische Geld zu erhalten.

Im parazentrischen Verkehr waren sie, besonders nachdem die Noten faktisch, wenn auch nicht de jure Kurantgeldeigenschaft erhalten hatten, auf den guten Willen ihrer Mitmenschen angewiesen und in unruhigen Zeiten eventuell nicht in der Lage, auch nur ein einziges Stück des Währungsgeldes sich zu verschaffen.

Der englische Staat hatte es nicht verstanden, die Zirkulation seines zum valutarischen Gelde erklärten Goldgeldes leichtflüssig zu gestalten, es jedem seiner Bürger ohne Anstrengung zugänglich zu machen. Denjenigen aber, die eine apozentrische Zahlung in Währungsgeld in Empfang nahmen, zwang er die in den erwähnten Beschränkungsgesetzen festgelegten Verwendungsbedingungen auf.

Bei dem Zusammenwirken dieser beiden Faktoren ist es

daher kein Wunder, daß der Staat keine Aussicht hatte, auf die Preisbildung seines hylischen Metalles Gold auf dem Markte befestigend einzuwirken.

Die untere Preisgrenze hatte er zwar mit dem Münzpreis von Lst. 3 : 17 : 10½ p. oz. Standardgold durch die nach dem Willen jedes Inhabers von Münzgold zu ermöglichende Ausprägung unter gesetzlicher Gewähr festgelegt. Aber nach oben hin waren Schwankungen im Goldpreis möglich.

Wer für gewerbliche Zwecke oder zur Ausfuhr Gold brauchte, war gezwungen — wenn er die Beschränkungsgesetze nicht übertreten wollte —, Gold auf dem Markte zu erstehen und dafür eventuell mehr zu zahlen, als der Münzpreis betrug. Benutzte er für seine Zwecke das Goldgeld des Landes, so machte er sich strafbar.

In der Zeit, von welcher wir sprechen (1797—1805), war der englische Export von Gold, wenigstens seit 1799, besonders stark. Der Handel in Exportgold überwog bei weitem den Umsatz aller andern Edelmetalle. Die Gründe dafür sind an anderer Stelle angeführt.

Das eben genannte Dilemma, in dem sich jeder Inhaber von Goldgeld, der auswärtige Verpflichtungen zu erfüllen hatte, befand, zeigte ihm die Möglichkeit einer außerordentlich gewinnbringenden Verwendung der Goldmünzen, für den Staat aber brachte es gleichzeitig eine sehr schwere Schädigung seines valutarischen Geldumlaufs.

Solange es sich für den Goldhändler bei Goldanschaffungen nur um die Befriedigung des inländischen Bedarfs für gewerbliche und industrielle Zwecke handelte, mag diese Schädigung der staatlichen Goldgeldzirkulation noch nicht besonders auffällig hervorgetreten sein. Für gewöhnlich konnten die Goldschmiede und Edelmetallhändler die für das Inland erforderlichen Goldmengen (die ja im allgemeinen nicht sehr groß waren) sich verschaffen, indem sie abgenutzte Goldmünzen aufkauften, deren stoffliche Verwertung hierfür ja gesetzlich freigegeben war. In der Tat bevorzugten sie hierfür derartige Aufkäufe, weil ihnen die Münzen die Gewähr boten, daß sie Gold von

Standardfeinheit erhielten, und weil sie daher für Probe und Läuterung keine Opfer an Zeit und Mühe zu bringen hatten.

Erhielt jedoch der inländische Edelmetallhandel von außen her einen Anstoß, erschien beispielsweise dem Ausland das englische Gold besonders begehrenswert, sodaß dieses vom Ausland höher bewertet wurde, als durch die inländische staatliche Begültigung, oder wandelte sich die Handelsbilanz Englands zugunsten des Auslands und machte so eine Goldausfuhr in großem Maßstabe notwendig, so zeigte sich sofort das Übel, und die Beschränkungsgesetze erwiesen sich als durchaus unwirksam. Die Spannung zwischen dem Preis für exportfähiges Gold und für solches, das nicht „abgeschworen" werden konnte, wurde bedenklich groß. In unserer Periode sogar so groß, daß alle Strafbestimmungen nicht ausreichend waren, ungesetzliche Spekulation zu verhindern. Damit, daß der Marktpreis für Gold sich über den Münzpreis erhob, war es jetzt nicht mehr allein getan. Noch auf andere Art wurde dem Staate sein Fehler vor die Augen geführt.

Sobald man nämlich erkannt hatte, daß man beispielsweise am 11. November 1800 bei einem Marktpreis von Lst. 4 : 5 : — p. oz. Exportgold gegenüber einem Münzpreis von Lst. 3 : 17 : 10½ durch Nichtbeachtung der gesetzlichen Vorschriften sich einen Gewinn von Lst. 4 : 5 : 6 auf ein Troypfund Standardgold mühelos verschaffen könnte, hatten die hohen Strafen nichts Schreckendes mehr.

Hatte man zunächst den für den Goldexport erforderlichen Eid nur geleistet, wenn man sicher war, daß es sich bei der Goldmenge, die man zum Verkauf anbot, tatsächlich um foreigngold handelte, so ließ man sich, sobald ein hoher Gewinn lockte, bereitfinden, auch dann Gold „abzuschwören", wenn man über seine Herkunft nicht genau unterrichtet war. Bis zum nächsten Schritt war es dann nicht mehr weit. Man schmolz unterwichtige Goldstücke ein, um darauf den entstandenen Barren unter Eidesleistung als Exportgold zu verkaufen. Hatte man dies mit Erfolg versucht, so wartete man nicht erst, bis die Goldmünzen unterwichtig waren, sondern man verringerte selbst ihr Gewicht, präsentierte die dadurch unterwichtig gewordenen zunächst noch an Staatskassen mit dem gewünschten Erfolg, daß man sie wieder erhielt; dann verzichtete man auch auf diese Präsentation und verwandelte das Goldgeld des Landes ohne weitere Gewissensbisse in Barren, deren Verwendung als Exportgold man durch die Eidesleistung ermöglichte.

Dieses Vorgehen, das sehr gewinnbringend war, wurde bald ganz allgemein üblich. Ja, man bot für die Goldmünzen freiwillig ein Aufgeld, das noch von dem erwarteten Gewinn etwas übrig ließ. Andrerseits gab der Inhaber von Goldmünzen diese nicht mehr zu ihrer Begültigung her. Er behielt sein Goldgeld, um es nach Umwandlung in Barrenform besser zu verwerten, wenn man ihm nicht einen Aufschlag an Schillingen bewilligte, der unter Berücksichtigung der Einschmelzungskosten und Mühen ihm dem erhofften Gewinn gleichzukommen schien. Nicht mehr für 21 Schillinge gab er die Guinea her, sondern für 22 oder 23 oder 25, je nach der Höhe des augenblicklichen Marktpreises für Gold. Je weiter sich dieser im Laufe der Zeit von dem Münzpreis nach oben hin entfernte (siehe Tabellen), um so blühender wurde das Geschäft der Einschmelzer von Guineen und um so mehr schwand die Furcht. Man scheute sich durchaus nicht mehr, auch im privaten täglichen Verkehr das Goldgeld mit einem Agio offen weiter zu geben. Wer 44½ Guineen besaß, hatte nach der Geltung damit ein Kapital von 934,5 sh. Nach der obigen Goldnotiz vom 11. November 1800 repräsentierte die in diesen 44½ Guineen steckende Goldmenge aber einen Wert von 12 mal Lst. 4 : 5 : — oder Lst. 51 oder 1071 sh.

Bei einem derartigen Unterschied braucht man keine besonders starke Einbildungskraft, um sich vorzustellen, daß das Goldgeld entweder aus dem Verkehr entschwand oder nur mit Agio zirkulierte.

Daß beides tatsächlich der Fall war, war auch durchaus kein Geheimnis. Schon 1801 schreibt Boyd in seinem „Brief an William Pitt“: „Solange ein derartiger Unterschied besteht zwischen Gold als Münze und Gold als Ware, solange wird man notwendigerweise die Münzen einschmelzen, um die Differenz auszunutzen." Und gelegentlich der Verhandlungen des „Bullion-committee" im Jahre 1810 wird von mehreren der vernommenen Sachverständigen die Ansicht offen ausgesprochen, daß das Goldgeld trotz aller Gesetze und Strafen dauernd eingeschmolzen werde und zu seiner Geltung nicht mehr zu haben sei.

Man erkennt, wie schwer sich die Nachlässigkeit des Staates rächte, der die Notwendigkeit einer geordneten Hylodromie leugnete, indem er die oben angedeuteten beiden unerläßlichen Vorbedingungen bewußt ausschaltete.

Er hat das Währungsgeld seinem Lande erhalten und das hylische Metall an einen festen Preis binden wollen. Erreicht hat er das Gegenteil. Sein Währungsgeld entschlüpft ihm, der Preis seines hylischen Metalls ist nicht nur seinem Einfluß, sondern auch seiner Kontrolle entzogen und schließlich bekommt er das hylische Metall überhaupt nicht mehr zu sehen.

Denn von dem Augenblick an, da das Gold auf dem Markte eine den Münzpreis übersteigende Bewertung findet, bietet kein Mensch mehr der Münzstätte Gold zur Ausprägung an. Der Staat kann also ohne Verlust nicht prägen.

So sehr das Vorhandensein eines Agios bei einer valutarischen Geldart auch im Widerspruch zu stehen scheint mit den Thesen der „Staatlichen Theorie des Geldes", so leicht wird es nunmehr auch sein, zu erkennen, daß der Grund dieser auffallenden Erscheinung in dem Fehlen des freien, unbedingten Hylophantismus zu suchen ist, den ja die „Staatliche Theorie des Geldes" als ein Hauptерfordernis für den Grundsatz, daß das valutarische Geld ein Agio nicht tragen kann, annimmt. Wir bleiben auch in logischer Übereinstimmung mit den Grundlehren der „Staatlichen Theorie des Geldes", wenn wir ergänzend folgern, daß für England, solange die Beschränkungsgesetze in Kraft waren, der Rückschluß nicht zutreffend ist, eine mit einem innern Agio behaftete Geldart könne nicht valutarisch sein.

Obwohl das Gold- und Silbergeld Englands ein Agio hatte,

konnte jede dieser Geldarten vor dem 2. Juli 1819 dennoch valutarisch sein.

Das valutarische Geld Englands unterlag nicht einer wohlgeordneten Hylodromie. Es war daher auch nicht gelungen, seinen Weiterbestand zu sichern und dem Staate den maßgebenden Einfluß auf den Goldpreis zu verschaffen.

Gewiß ein Beweis dafür, daß die Forderungen, welche die „Staatliche Theorie“ in diesem Punkte an ein Geldwesen stellt, auch für England begründet sind.

Im Laufe der Zeit konnte man sich auch in maßgebenden Kreisen vor der gefährlichen Erscheinung nicht mehr verstecken.

Die Bevölkerung, wenigstens ihr im kaufmännischen Leben stehender größerer Teil, hatte auch die eigentliche Ursache, wenn auch vielleicht nicht in ihrem ganzen Umfange, schon längst erkannt und auf die Beseitigung der zweckwidrigen Gesetze hingewirkt. Nur der Staat selbst hatte immer wieder gezögert, seinen Irrtum einzugestehen. Erst im Jahre 1819 entschloß er sich zu einer Änderung, indem er am 2. Juli alles, was den Handel in Geld und Münzmetall eingeengt hatte, durch Gesetz [1]) aufhob.

Wir werden an anderer Stelle sehen, daß sich mit demselben Moment, mit dem Augenblick also, da die Hylodromie im Sinne der Theorie vollkommen durchgebildet war, der Goldpreis dauernd befestigte, dem Münzpreis gleich blieb.

Merkwürdigerweise scheint die Bank von England selbst einen Teil der Schuld an dem Entstehen eines Goldagios zu tragen.

Solange sie nämlich zur Einlösung ihrer Noten in Goldgeld verpflichtet gewesen war, also bis zur Bank-Restriction, solange war sie genötigt, für die ständige Ergänzung ihrer Goldreserve Sorge zu tragen, indem sie, ebenso wie die schon genannten Edelmetallhändler Gold aufkaufte.

---

[1]) Stat. 59. Geo. III. c. 49.

In normalen Zeiten war ihr dies auch niemals schwer geworden. Ja für gewöhnlich war sie sogar in der Lage gewesen, sich Münzgold um etwa 2¾ d. unter dem Münzpreis, der, wie wir wissen, Lst. 3 : 17 : 10½ p. oz. betrug, zu verschaffen.

So hatte sie beispielsweise in den Jahren 1777 bis 1797 durchschnittlich nur Lst. 3 : 17 : 7¾ p. oz. gezahlt. Hierbei muß berücksichtigt werden, daß die staatliche Münzstätte Barrengold nur in einer gewissen Mindestmenge annahm. Die Berechnung und Bezahlung erfolgte erst nach einiger Zeit, welche zur Vornahme der Probe notwendig war.

Die Bank dagegen kaufte jede Menge, stellte die Probe sofort an und zahlte unverzüglich.

Man kann sich leicht vorstellen, daß von den Verkäufern dieses Verfahren der an der Münzstätte üblichen Handhabung vorgezogen wurde. Der verspätete Eingang des Gegenwertes kam ja auch einem Zinsverlust gleich.

Die Bank dagegen sammelte die aufgekauften kleinen Mengen, bis größere Posten zusammen waren und lieferte diese dann an die Münzstätte weiter. Für sie kam ein Zinsnachteil um so weniger in Frage, als sie ja mit dem Staate in ständiger Verrechnung stand.

Auszunehmen ist von dem oben angeführten zwanzigjährigen Zeitraum nur das Jahr von Mai 1783 bis Mai 1784. Während dieser Periode war die Bank ebenso wie in den letzten sechs Monaten vor dem März 1798 genötigt, für ihre Ankäufe den vollen Münzpreis anzulegen.

Einen Preisunterschied zwischen „abgeschworenem“ und anderem Golde machte sie überhaupt nicht, da sie ja nicht zum Zwecke des Exports kaufte.

Gegenüber diesem in gewöhnlichen Zeiten von ihr gezahlten Goldpreis erfuhr man nun aber bei der Darlegung des Status der Bank von England 1797, daß sie gelegentlich auch um höheren Preis, als der Münzpreis war, Gold hatte kaufen müssen. In einem Einzelfalle hatte sie sich sogar genötigt gesehen, für einen kleinen Posten, den sie durch einen Agenten hatte aus Portugal beziehen lassen, Lst. 4 : 8 : — p. oz. anzulegen.

Wenn sie sich hierzu entschlossen hatte, so geschah es wohl in der bei den damaligen metallistischen Anschauungen erklärlichen Erwägung, daß sie durch eine von ihr selbst mangels genügenden Goldvorrats ausgehende Einstellung ihrer Noteneinlösung — es war ja noch vor der Bank-Restriction — den Ruf ihres Instituts schwer schädigen würde und daher selbst mit den schwersten Opfern ihren Goldvorrat stets in solcher Stärke halten müsse, daß er allen Noteneinlieferungen begegnen könne.

Dann, in der ersten Zeit nach der staatlich verfügten Aufhebung der Noteneinlösung war die Bank, wie die Allgemeinheit des Volkes der Meinung, daß es sich nur um eine kurzfristige Beschränkung handle, die sie ausnützen müsse, um möglichst schnell eine sehr große Goldreserve wieder anzusammeln, um sich so für die Wiederaufnahme der Barzahlungen nach Kräften zu rüsten. So scheute sie sich auch jetzt nicht, Gold über Münzpreis aufzukaufen.

Es steht zweifelsfrei fest, daß diese Stellungnahme der Bank, die man an sich wird anerkennen müssen, einem Steigen des Marktpreises für Gold förderlich war.

Erst als sie erkannte, daß der Staat nicht die Absicht hatte, die Bank-Restriction bald rückgängig zu machen, ließ ihr Interesse an der forzierten und verlustreichen Goldhereinnahme nach. Denn da sie zur Goldabgabe gegen ihre Noten nicht mehr genötigt wurde, war für sie ein besonders starker Goldfond auch nicht mehr erforderlich.

Noch in einer anderen Hinsicht war das Verhalten der Bank geeignet, den Goldpreis in die Höhe zu treiben und die große Menge des Volkes, in dem sich schon die Anfänge chartalistischer Geldauffassung nachweisen lassen, wieder in den Metallismus zurückzuwerfen, wenn man ihr einen Vorwurf deshalb auch nicht machen kann. Schon in einer Nummer von „The Gentleman's Magazine“ vom 12. November 1810 findet sich ein Satz, dessen Inhalt unserer allermodernsten Anschauung analog ist und der sehr wohl einem heute aktuellen Werke über Geld entnommen sein könnte. Er lautet wörtlich: „Das

Geld sollte nicht nach seinem Gehalt an Gold oder Silber gewürdigt werden, sondern es sollte im inländischen Geldumlauf zu solcher Bewertung zirkulieren, als seinem Aufdruck und seiner Inschrift entspricht".

Und ein Jahr später betont ein Redner, den man dafür einen Draufgänger schalt, als Haupterfordernis der inländischen Geldzirkulation die proklamatorische Geltung mit den Worten: „Wir können Geld machen auch aus Leder oder aus Austernschalen!"

Wie wir wissen, war für den Umlauf des Goldgelds ein Passiergewicht vorgesehen. Solange eine Goldmünze unter dieses Passiergewicht, das auf 5 dwts. 8 gr. für eine Guinea festgesetzt war, nicht gesunken war, wurde sie an den öffentlichen Kassen nach der Geltung angenommen. War das Passiergewicht nicht mehr vorhanden, so wurde das Stück dem Darbieter zurückgegeben. Naiv rechnete der Staat damit, daß in solchem Falle der Inhaber zurückgewiesener Stücke diese der Münzstätte anbieten würde, wo die pensatorische Verwendung noch möglich war. Einer anderen Verwendung glaubte man durch das Verbot des Einschmelzens genügend vorgebeugt zu haben.

Wer derartige leichte Goldmünzen an die Münzstätte brachte, erhielt naturgemäß weniger, als wenn er sie noch hätte chartal begeben können, aber ihr Gewicht wurde noch nach dem Münzpreis bezahlt. Der Staat nahm nun an, daß niemand solange warten würde, bis die Stücke das Passiergewicht nicht mehr besaßen, sondern noch im letztmöglichen Augenblick die Geltung durch Einreichung an die Staatskassen ausnutzen würde.

Die Bank von England hielt streng an der Beachtung der gesetzlich bestimmten Mindestgewichtsgrenze der Goldmünzen fest. Jedes einzelne Goldstück wurde gewogen, d. h. es wurde nur geprüft, ob es das Passiergewicht hatte oder nicht. War dies der Fall, so wurde es genommen nach der Geltung, sonst wurde es einfach zurückgewiesen. Weder in dem ersten, noch im anderen Falle wurde dabei das tatsächliche genaue Gewicht, da es belanglos war, festgestellt.

Von einer pensatorischen Bewertung war dabei also keine

Rede. Das Verfahren der Bank entsprach lediglich dem Bemühen, im Interesse des staatlichen Geldwesens einer zu großen Abnutzung der einzelnen Stücke zuvorzukommen.

Durch öffentliche Bekanntmachung in St. Jame's Chronicle vom 31. Januar 1798 forderte sie auch das Publikum auf, sich im eigenen Interesse an das Nachwiegen der Goldstücke zu gewöhnen.

Der beabsichtigte Zweck wurde jedoch nicht erreicht, weil die Allgemeinheit den wahren Grund der Aufforderung nicht erkannte, oder, was wahrscheinlicher ist, absichtlich übersah. In geheucheltem Mißverstehen bekannte man sich unter Berufung auf das Vorbild und Beispiel der Bank von England wieder zu der im praktischen Gebaren schon betätigten Ansicht, daß Gold pensatorisch verwendet werden solle. Wohlgemerkt jedoch! Man wurde Metallist in dem Augenblick, da der Marktpreis für Gold den Münzpreis überstieg, während man, wenn beide balanzierten oder eine nutzbringende platische Verwendung von Gold sonstwie nicht zu erzielen war, sofort wieder fortschrittlicher Chartalist war.

Vom rein menschlichen Standpunkt aus wird man die Handlungsweise des englischen Volkes verstehen können, das auf diese Weise für ein unterwichtiges Geldstück bedeutend höheren Erlös durch platische beziehungsweise pensatorische Begebung erzielte, als es für das vollwichtige Stück bei der gesetzlichen Geltung erlangt hätte. Und die endlose Reihe von Prozessen gegen Geldabschwächer bestärkt in der Vermutung, daß dies ein hinreichend starkes Reizmittel für die große Menge gewesen sei, sich in großem Maßstab diesem gewinnbringenden Geschäft zu widmen.

Einen Vorwurf wird man deshalb weniger dem Volk, als dem gesetzgebenden Faktor des Staates machen müssen.

Die Folge war ein stetig zunehmendes Schwinden des Goldgeldes aus dem Verkehr, das schließlich zu einem Verlassen der Goldwährung zwang.

Bedauerlich ist, daß die Bücher des „bullion-office", die den Preis des gehandelten Goldes enthielten, aus dieser Zeit nicht mehr erhalten oder doch nicht zugängig sind. Aufzeichnungen anderer Art über die Kursbewegung des Goldes sind damals leider nicht gesammelt worden, so daß wir auf die wenigen, sehr verstreuten Angaben vereinzelter Schriftsteller jener Periode angewiesen sind.

Danach entfernte sich merkwürdigerweise in den Jahren 1796 und 1797 der Marktpreis des Goldes trotz der ganz außergewöhnlichen Knappheit dieses Metalles nicht wesentlich vom Münzpreis. Er bewegte sich von 1797 bis 1805 folgendermaßen:

1797	Februar	Lst. 3 : 17 : 6
	August	„ 3 : 17 : 6
1798	Januar	„ 3 : 17 : 10½
	Februar	„ 3 : 17 : 10½
	August	„ 3 : 17 : 10½
1799	Januar	„ 3 : 17 : 9
	Februar	„ 3 : 17 : 9
	August	„ 3 : 17 : 9
1800	Juli	„ 3 : 17 : 9

Bis hierher hatte ein Steigen nicht stattgefunden. Die im Februar 1797 erfolgte Bank-Restriction hatte also auf das valutarische Geld des Landes keinen schädigenden Einfluß auszuüben vermocht, wie man sich später sehr bemühte, den Anschein zu erwecken.

Erst im August 1800 schnellte der Kurs plötzlich auf Lst. 4 : 5 : — und blieb dann dauernd hoch, so

1800	November	Lst. 4 : 5 : —
	Dezember	„ 4 : 6 : —
1801	Februar	„ 4 : 4 : —
1802	Februar	„ 4 : 3 : 6
1803	keine Notiz	
1804	August	„ 4 : — : —
	Oktober	„ 4 : — : —
1805	Januar	„ 4 : — : —
	Februar	„ 4 : — : —
	August	„ 4 : — : —

II. Abschnitt.

OBSTRUKTIONELLER ÜBERGANG ZUR PAPIERWÄHRUNG.

§ 6. DIE URSACHEN DES GOLDABFLUSSES.

Begonnen hatte das Schwinden des Goldgeldes schon 1795. Nicht lange nach Ausbruch des Krieges 1793 stieg auf dem Festlande der Preis für englisches Gold. In England vermutete man hinter diesem intervalutarischen Agio jedoch eine finanzpolitische, kriegerische Taktik des Feindes, deren Endziel man zunächst nur ebenso, wie die Mittel, die diese Wirkung gehabt hatten, noch nicht zu erkennen vermöge.

Die große Menge, die noch daneben geängstigt wurde von der Furcht vor feindlichen Einfällen, glaubte gegen diese Maßnahmen Frankreichs nichts Besseres tun zu können, als das Gold, das in ihrem Besitz war, zu vergraben und zu verstecken. Alle diejenigen, die keinen direkten Handelsverkehr mit dem Auslande hatten, besonders die Landbewohner, legten auf diese Weise als Zehrpfennig für den äußersten Notfall Goldgeld beiseite, um es während der ganzen Dauer des Krieges unangetastet in seinem Versteck zu lassen.

Erst nach dem Friedensschluß, genauer schon nachdem Bonaparte die Siegespalme an Preußen hatte übergeben müssen, und als begründete Hoffnung auf eine ruhige Zukunft vorhanden war, begann man mit seinem Goldgeld wieder sich an das Tageslicht zu wagen.

Wie große Mengen Goldgeldes auf diese Art latent geblieben waren, mag man daraus ermessen, daß in dem ersten Halbjahr 1817 ein Bankier aus der Provinz allein für den Transport von

Guineen, die er nach der Hauptstadt sandte, Lst. 100.— ausgegeben hat.

Die hin und wieder geäußerte Ansicht, als ob um das Jahr 1810 herum England von Gold gänzlich entblößt gewesen wäre und vor einem Bankerott gestanden hätte, ist daher nicht zutreffend. Vorhanden war genügend Gold, auch in Münzform, nur blieb es verborgen und ward als Geld im öffentlichen Verkehr nicht sichtbar.

Neben der Kriegsfurcht waren aber noch eine Reihe anderer Ursachen ausschlaggebend für das Abnehmen des Goldgeldes im Innern.

So hatte, wie wir schon kurz angedeutet haben, England um die Jahrhundertwende mehrere aufeinanderfolgende schlechte Erntejahre über sich müssen ergehen lassen. Durch die Mißernten stieg der Mangel an Lebensmitteln so, daß umfangreiche Getreideeinfuhren erforderlich wurden. Dieses Getreide wurde vorzugsweise von den Ostseeländern geholt, also aus Dänemark, dem nordöstlichen Deutschland und Rußland. Gegenüber dem großen Getreideimport hatte für diese Länder der englische Handel keine oder nur wenige seiner Ausfuhr- und Durchgangsartikel zum Ausgleich der Bilanz zu bieten. Denn der für das Festland bestimmte Export Englands ging in der Hauptsache über Amsterdam und Hamburg. Die Getreide liefernden Staaten waren aber nicht das eigentliche Hinterland von Hamburg. Sie waren nicht ausschließlich angewiesen, ihre Einfuhrartikel über Hamburg zu leiten oder ihre Erzeugnisse über Hamburg zu exportieren, da sie durch ihre Lage an der See selbständig waren. Deshalb bestand zwischen ihnen und England ebensowenig ständiger Wechselaustausch wie zwischen ihnen und Hamburg. Man hatte, da man für solche immer nur gelegentliche Verwendung hatte, kein zu großes Interesse an englischen Wechseln und bevorzugte daher bei der Bezahlung der gelieferten Getreidemengen das gemünzte Geld. England hat diese Einfuhren tatsächlich schon bei der Übernahme der Ladung in den einzelnen Ostseehäfen zum weitaus größten Teil in Gold bezahlt. Gold wurde gewählt, weil es in England valutarisch war. Auf die

Währung des liefernden Landes nahm England als kaufmännische Vormacht niemals Rücksicht. Vielleicht machte es in dieser Hinsicht Hamburg gegenüber gelegentlich eine Ausnahme. Aber selbst in solchen Fällen geschah es nur, wenn die Arbitrage bei Entsendung von Silber mehr Vorteil versprach, d. h. der Kurs des englischen Silbers in Hamburg verhältnismäßig höher war, als der des Goldes.

Im letzten Drittel des Jahres 1799 kam es in Hamburg zu einer außerordentlich schweren Handelskrisis, in deren Verlauf sehr viele Handelshäuser fallierten. Die Folge war ein allgemeiner Mißkredit. Der Unternehmungsgeist blieb lange Zeit untätig. Man schränkte in Hamburg, dem Hauptabsatzgebiet für England, seinen Bedarf an Importartikeln ein und vermied es, in größeren Vorräten Kapitalien festzulegen. Andrerseits war man bestrebt, möglichst bald eine Sanierung herbeizuführen und schränkte die Wechseldiskontierung ein, um die Beschaffung von Geldern für leichtsinnige Spekulation zu erschweren und so die Geschäfte allgemein auf eine solidere Basis zu stellen. Der Wechseldiskont stieg infolgedessen in Hamburg bis auf 15 %.

Die englische Kaufmannschaft, die sich im Absatz ihrer Waren nach Hamburg bedeutend beschränkt sah, ihre Einfuhrartikel von dort aber zu bezahlen hatte, stand vor der Wahl, hierzu, wie bisher, Wechsel zu geben oder Münze zu senden.

Da nun aber der Bezug englischer Waren in Hamburg sich beträchtlich verringert hatte, so waren naturgemäß auch die nach England zu leistenden Zahlungen an sich kleiner geworden, man hatte also keinen besonderen Bedarf an englischen Wechseln und nahm sie daher nicht gerne. War dies ohnehin schon ein Grund für den klugen englischen Kaufherrn, seinerseits zur Begleichung der Hamburger Fakturen ein anderes Zahlungsmittel zu wählen, so kam für ihn noch die rechnerische Erwägung als leitend hinzu, daß er bei dem hohen Diskontsatz von 15 % in Hamburg bei einer Übersendung von Metallgeld trotz der Transportkosten vorteilhafter fahre.

Das englische Silbergeld befand sich, wie wir schon früher gezeigt haben, in verwahrlostem Zustande und war auch nicht in ausreichender Menge vorhanden, um diesem Zwecke dienen zu können. Anderes Silber hatte man, nachdem im Oktober 1799 ein Schiff, die Fregatte Lutine, mit 600 000 spanischen Dollars, von England nach Hamburg bestimmt, untergegangen war, nicht zur Verfügung. So blieb denn nichts anderes übrig, als das valutarische Gold zu senden, obwohl Hamburg Silberwährung hatte. Die Goldsendungen hatten, nachdem Warenaustausch beschränkt, Wechselzahlung nicht gern gesehen und Silberexport nicht zu ermöglichen war, den Hauptanteil bei dem Ausgleich der Handelsbilanz mit Hamburg. Daß tatsächlich große Goldexporte vorgenommen wurden, geht auch aus den Notierungen für englisches Gold im Jahre 1800 hervor; die Kurse schnellten in erschreckender Weise in die Höhe. Und ganz natürlich ist es, daß das innere Goldagio in England diese Aufwärtsbewegung des intervalutarischen Kurses für englische Guineen mit Hamburg mitmachte. Denn für diejenigen Engländer, die nach dem Festlande keine Rechnungen zu regulieren hatten und über flüssiges Geld verfügten, bot die wirtschaftliche Krisis in Hamburg eine erwünschte Gelegenheit zu einer hochprozentigen Kapitalsanlage. Sie ließen alles verfügbare Gold nach Hamburg wandern, um damit Wechsel aufzukaufen, was bei einem Diskont von 15 % sehr lohnend war. Die Aussicht auf so reichen Gewinn lockte zum Aufkaufen des inländischen Goldes in größeren Mengen, worunter wiederum die heimische Geldzirkulation zu leiden hatte.

Um zunächst diejenigen Ursachen des Goldabflusses, welche mit den auswärtigen Handelsbeziehungen Englands in Zusammenhang stehen, umfassend darzutun, müssen wir auch auf die Wirkungen der Kontinentalsperre auf den englischen Außenhandel eingehen.

Am 21. November 1806 erschien Napoleons „Berliner Dekret“, das gegen England gerichtet war. Durch dieses sollte der englische Handel mit dem Festlande lahmgelegt werden. Um dies zu erreichen, erklärte das Dekret über die britischen Inseln den Blockadezustand. Die Häfen des Festlandes wurden für die englischen Schiffe verboten. Alle in einem Hafen angetroffenen britischen Schiffe sollten als gute Prise gelten. Die englischen Waren sollten konfisziert und verbrannt oder versteigert werden.

Gültig war die Sperre zunächst für Frankreich und die von ihm abhängigen Staaten. Sie wurde aber dann vertragsmäßig ausgedehnt auch auf die meisten übrigen Küstenländer.

Die Folge war trotz der Gegenmaßnahmen Englands einstweilen die gewünschte. Es wurde für englische Schiffe, wenn nicht ganz unmöglich, so doch ungeheuer schwer, kontinentale Häfen anzulaufen und Waren zu bringen oder zu holen. Man suchte sich dadurch zu helfen, daß man fremde Schiffe charterte und ihnen den Transport englischer Waren übertrug. Aber bei den drohenden Strafen verstanden sich die Schiffsreeder nur gegen besonders hohe Vergütung und Risikoprämie zur Übernahme der Frachten. Die Angabe, daß die Nebenkosten für Fracht, Versicherung und Risikoprämie oft mehr als 50 % des Gesamtwertes der Schiffsladung selbst betrugen, erscheint uns durchaus glaubhaft.

Überall auf dem Festlande sank der englische Wechselkurs. In Hamburg wurde er am 23. November 1806 zum letzten Male notiert. Nach der Besetzung Hamburgs durch die Franzosen fand, wie in allen von Napoleon unterworfenen Ländern, überhaupt keine offizielle Kursnotierung englischer Wechsel oder englischen Geldes mehr statt.

Das ist auch der Grund dafür, daß für die Jahre 1806, 1807 und 1808 die Hamburger Notierungen für englisches Gold nur geschätzt werden können.

Dazu kam, daß England gewissermaßen der Transitstapelplatz des Kontinents für alle kolonialen Erzeugnisse war. Fast die ganze nordeuropäische Einfuhr wurde über London geleitet und lag in den Händen englischer Kaufleute.

Durch die Sperre waren diese verhindert, die hauptsächlich von Westindien und Südamerika importierten, für das Festland bestimmten Waren dorthin zu schaffen. Sie speicherten sie in England auf.

Wäre die englische Konsumtion kolonialer Produkte ausreichend gewesen, diese Vorräte aufzunehmen, so wären die Schädigungen der Handelswelt nicht so schwer gewesen. So aber hatten die Kaufleute die Waren bezahlt, in den meisten Fällen mit Gold. Auf den Eingang des Gegenwertes war aber zunächst nicht zu rechnen. Das für den Einkauf angelegte, also ausgeführte Geld strömte nicht wieder zurück; vorläufig wenigstens nicht. Ja, dadurch, daß die europäischen Staaten fast ausnahmslos dem großen Sieger tributpflichtig geworden waren, hatten sich auch die Regulierungen der letzten Handelsbilanzen, die zugunsten Englands standen, verzögert. Außenstände für einen Zeitraum von zwei Jahren waren keine Seltenheit. Es kam während der Dauer der Kontinentalsperre sogar vor, daß Forderungen Englands gegen kontinentale Schuldner überhaupt nicht einziehbar waren.

Auch für die nächsten Jahre kamen die Frankreich unterlegenen, von den Kriegsaufwendungen finanziell erschöpften, von den Armeen verwüsteten Länder als nennenswerte Absatzgebiete für die aufgespeicherten Kolonialprodukte noch nicht in Frage. Es mußte sich für die Besiegten naturgemäß in erster Linie darum handeln, durch Wiederbelebung und Förderung der heimischen Industrie und Landwirtschaft zunächst Werte zu schaffen, die bei dem durch die Kriegführung entstandenen allgemeinen Geldmangel eine Einfuhr notwendiger Auslandserzeugnisse überhaupt erst ermöglichten. Andrerseits wurde die englische Handelsbilanz dem Festland gegenüber noch dadurch verschlechtert, daß England die vom Kontinent bezogenen Waren nicht zu dem bis dahin üblichen Preise erstehen konnte, sondern, wenn es die unter dem Druck der Kontinentalsperre beunruhigten Händler zur Abgabe von Waren bestimmen wollte, sich zur Gewährung eines Preisaufschlags bereit erklären mußte.

So war die Lage des englischen Außenhandels durchaus nicht günstig. Daneben ist noch eine Schädigung durch verfehlte oder, besser, gewaltsam vereitelte Spekulation zu erwähnen. Denn den zum Weiterversand nach dem Festland bestimmten Importartikeln Englands hatten die Kaufleute bei der Kalkulation und Bewilligung des Anschaffungspreises natürlich den ungefähren Absatzpreis, den sie bisher erzielt hatten, zugrunde gelegt. Als weitere Folge der Kontinentalsperre hatten nun aber — teils unter dem Zwang Bonapartes, teils aber auch, um zunächst den Innenhandel und die eigene Bevölkerung überhaupt erst wieder erstarken und bis dahin von allen nicht unbedingt notwendigen Importartikeln unabhängig werden zu lassen — eine Reihe von Staaten auf alle überseeischen Erzeugnisse hohe Einfuhrzölle gelegt. Es war nun sehr die Frage, ob die englischen Kaufleute diese Zölle auf ihre Abnehmer würden abwälzen können, oder ob sie gezwungen sein würden, selbst sie durch Preisnachlaß auf die einzelnen Artikel auf sich zu übernehmen, also mit Verlust zu arbeiten.

In seinen Bestrebungen, die Kontinentalsperre zu durchbrechen oder doch ihre Wirkungen abzuschwächen, suchte England, nicht ohne Erfolg, den Schiffsverkehr zwischen den einzelnen Ländern des Kontinents ebenfalls zu stören, möglichst zu unterbrechen. Bei diesen Bemühungen ließ es sich jedoch wiederholt Übergriffe amerikanischen Handelsschiffen gegenüber zuschulden kommen, die schließlich zu einem völligen Bruch mit Nordarmerika führten.

Zwar fand es für den Bezug der bisher von dort importierten Erzeugnisse, besonders der Baumwolle, durch die Erschließung des südamerikanischen Marktes einen vollen Ersatz, aber während im Handelsverkehr mit Nordamerika England fast immer durch Export europäischer Produkte das Gleichgewicht der Bilanz herzustellen vermocht hatte, war dies im Handel mit Südamerika nicht der Fall. Der neue Markt war bei weitem nicht so aufnahmefähig für den englischen bzw. europäischen Export wie der bisherige. Die Folge war, daß England für einen beträchtlichen Teil seiner Einfuhr Schuldner Südamerikas blieb.

Die Tilgung durch Wechselaustausch war auch hier beinahe gänzlich ausgeschlossen. Möglich wäre ein solcher durch Vermittlung von Nordamerika gewesen, die aber nach dem Abbruch der Beziehungen nicht mehr in Frage kam.

So blieb auch hier nichts weiteres übrig, als den Ausgleich

durch Goldsendungen herbeizuführen. Während früher von Südamerika stets Gold in größeren Mengen bezogen worden war, trat von 1808 ab der umgekehrte Fall ein.

In diesem Verkehr Englands mit Südamerika, besonders mit Brasilien, drängt sich an dieser Stelle eine interessante Frage auf.

Es scheint nämlich, als ob die Regierung die für das Land schwerwiegenden Folgen erkannt habe, die sich aus einer solchen für England dauernd ungünstigen Handelsbilanz ergeben mußten, und als ob sie einen bewußten Eingriff zu einer wenigstens teilweisen Abschwächung habe versuchen wollen.

Es wurde nämlich der Regierung von Brasilien eine Goldanleihe von Lst. 100 000.— bewilligt. Der Transport dieser Goldsumme geschah am 20. Januar 1808 mit der Fregatte „Surveillante“ von Portsmouth aus. Er erregte allgemeines Aufsehen und bewirkte heftige Angriffe auf die Regierung. Wir möchten nun gerne annehmen, daß durch diese Anlage englischen Kapitals in einem Lande, das sich dauernd als Gläubiger Englands erwies, ein Gegengewicht geschaffen werden sollte. Auch der Gläubiger war durch die Zinszahlungen und die Amortisation der aufgenommenen Anleihe zu geldlichen Leistungen England gegenüber verpflichtet.

Daß dies erreicht werden sollte zur Abschwächung des Goldabflusses aus England, möchten wir deshalb behaupten, weil um diese Zeit die Regierung für ihr Gold mehr als genügende Anlagen im Innern hätte haben können, ohne das Ausland aufsuchen zu müssen, und weil das Gold als Geld im Inland um diese Zeit schon derartig knapp geworden war, daß eine ans Ausland gewährte Anleihe eigentlich hätte ausgeschlossen sein müssen.

Nicht unerwähnt bleiben darf als weitere Ursache für den Goldabfluß die Kriegführung auf dem Festlande. Es handelt sich hierbei nicht allein um die enormen Kosten, welche die Ausrüstung und Verproviantierung der operierenden Truppenteile verursachten. Es kamen dazu vielmehr noch Subsidien, die England vertragsmäßig an seine Verbündeten zu zahlen hatte.

Als auffallendes Kuriosum macht sich schließlich, gerade zur Zeit der größten wirtschaftlichen Not, eine allgemeine Verschwendungssucht bemerkbar. Im Jahre 1804 klagen die Zeitungen, daß unverständlicherweise die Mode sich verbreitet habe, viele Gebrauchsgegenstände zu vergolden oder gar aus Gold selbst herzustellen. So bestanden in vielen Privathäusern die Griffe der Fensterverschlüsse, die Türklinken in den einzelnen Gemächern aus diesem Edelmetall. Diese Verschwendung griff so um sich, daß man sie als eine Epidemie ansprach und daß zahlreiche Stimmen laut wurden, welche energisches Eingreifen der Gesetzgebung forderten.

Fassen wir das Gesagte nochmals kurz zusammen, so lagen die Ursachen für den Goldabfluß

1. in dem für England ungünstigen intervalutarischen Kurs, der zunächst durch Mißernten und dadurch nötige Getreideeinfuhren bedingt war, durch die Hamburger Krisis und die Wirkungen der Kontinentalsperre weiter verschlechtert wurde und nach Südamerika hin mangels entsprechender Austauschartikel überhaupt dauernd ungünstig blieb;
2. in dem dem intervalutarischen nachfolgenden inneren Agio, das die Gewinnsucht reizte und das englische Goldgeld dem Inlande entzog;
3. in der von der Furcht vor dem Feinde diktierten Thesaurierung der Goldmünzen;
4. in den Kriegsaufwendungen;
5. in krankhaft gesteigertem Luxusbedürfnis.

Die Folge blieb nicht lange aus. Der Staat sah sich bei dem unaufhörlichen Schwinden nicht nur seines Währungsgeldes, sondern auch des hylischen Metalles überhaupt, bald genötigt, mit den apozentrischen Zahlungen in Gold aufzuhören. Gezwungen von der Not mußte er, was er gerne vermieden hätte und bisher nicht sich hatte eingestehen wollen, endlich doch tun. Er nahm im Jahre 1806 eine Währungsänderung vor.

§ 7. DIE WÄHRUNGSÄNDERUNG.

Hatte der Staat bisher seine apozentrischen Leistungen noch immer in Guineen machen können, so sah er sich jetzt doch vor die Notwendigkeit gestellt, diese Goldzahlungen im Inlande einzustellen. Er entschloß sich, das ihm noch zufließende Gold lediglich für seine Auslandsbeziehungen zu reservieren.

Äußerlich waren die Folgen dieses Entschlusses zunächst nicht in besonderem Maße wahrnehmbar; einen besonders auffälligen Unterschied gegen die Vorjahre kann man im Geldumlauf Englands einstweilen nicht erkennen. Das Aufhören der staatlichen Goldzahlungen war ja auch in der Praxis keine sehr merkbare Erscheinung, denn die Zahl derjenigen, die vom Staate direkt eine Zahlung zu erhalten hatten, war — wenn man von der Löhnung im Heer und bei der Flotte, über die wir früher gelegentlich berichtet haben, absehen will — verhältnismäßig gering, jedenfalls auf die Richtung und Stärke des staatlichen Geldumlaufs nicht von wesentlichem Einfluß.

Nicht aus irgendwelchen geldpolitischen Erwägungen resultierte die Einstellung der Goldzahlung des Staates; sie war lediglich eine natürliche Folge der zunehmenden Goldknappheit. Nicht vorbereitet und gewollt, sondern erzwungen von der Notwendigkeit erscheint sie.

Während der Ankauf von Münzgold an der Münze wegen der auf dem Markte möglichen besseren Verwertung des Münzmetalls ausgeschlossen, eine Nachprägung also nicht mehr durchzuführen war, konnte man auch auf ein Zuströmen von Gold aus dem Auslande, solange die Unruhen auf dem Kontinent nicht beseitigt waren, nicht rechnen. Andrerseits aber mußte der Staat bei der Ausgabe von Gold von vornherein darauf gefaßt sein, daß dieses Goldgeld bei dem hohen Marktpreis für Gold verschwand. Es hatte demnach für ihn keinen Sinn mehr, an der Goldwährung festzuhalten, nachdem er erkannt hatte, daß er trotz (wir möchten sagen, wegen) der erlassenen Behinderungsgesetze dem Abströmen der Goldmünzen ohnmächtig gegenüberstand.

Unter diesen Umständen war es für ihn von weit größerer Bedeutung, zunächst dafür Sorge zu tragen, daß seine intervalutarischen Beziehungen nicht gänzlich unterbrochen wurden, selbst wenn es vorläufig auf Kosten der eigenen Untertanen geschehen mußte.

Gleichwohl hatte man nicht den Mut, offen Farbe zu bekennen und etwa durch ein Gesetz oder durch öffentliche Proklamation zu einem andern Währungsgeld überzugehen. Man fürchtete ein Überschäumen der Gärung, die mit der Bankrestriction in der Literatur über Geld- und Bankwesen eingesetzt hatte. Aus diesem Grunde spielte man, wie es von der Regierung und der Bank von England schon gelegentlich mit Erfolg versucht worden war, mit der Bevölkerung wieder einmal Versteckens.

Es wurde nämlich 1806 bestimmt[1]), daß die Bestände der Militär-, Forst-, Domänen-, Post- und anderen Kassen bei der Bank von England hinterlegt und Zahlungen dieser staatlichen Institute durch Anweisungen auf die Bank geleistet werden sollten.

Bei dieser Verfügung handelt es sich scheinbar lediglich um eine Verwaltungsmaßnahme, auf Grund einer gesetzlichen Bestimmung. Die genannten öffentlichen Kassen wurden auf administrativem Wege angewiesen, in Zukunft im Sinne der angeführten Verfügung zu verfahren.

Nirgends war in dieser Verfügung von irgend einer besonderen Geldart, nirgends von einer Währungsänderung die Rede. Und doch ist ihre Ausführung gleichbedeutend einer solchen. Die ängstliche Regierung versteckte sich hierbei mit unschuldsvollem Gesicht hinter einem Schleier und gab sich den Anschein, als ob die eintretende Wirkung nicht von ihr beabsichtigt gewesen sei.

Was bedeutete nun dieser Erlaß in der Praxis?

Nichts Geringeres, als daß der Staat nicht mehr bereit war, seine Zahlungen durch die genannten öffentlichen Kassen in

---

[1]) Stat. 46. Geo. III. ch. 75. 76. 83. 100.

Gold, dem bis dahin valutarischen Gelde, vornehmen zu lassen. Statt dessen gaben diese Zahlstellen dem Empfangsberechtigten eine schriftliche Anweisung auf die Bank von England.

Diese aber bezahlte die Anweisungen des Staates definitiv mit ihren Noten.

Dadurch, daß von seiten der Bank als Zahlstelle der angeführten Ämter dem Publikum bei diesen Zahlungen, die nunmehr apozentrischen Charakter hatten, letzten Endes die Noten aufgedrängt wurden, rückten diese in die Stellung des staatlichen, valutarischen Geldes. Der Übergang zur Papierwährung war vollzogen. Stillschweigend, wenigstens ohne eine Bekanntgabe an die Öffentlichkeit, war er erfolgt.

Und, wie schon gesagt, obstruktionell war die Währungsänderung. Dabei ist aber zu beachten, daß nicht deshalb, weil das Papiergeld sich in besonders bedrohlicher Mächtigkeit in den Staatskassen gestaut hätte, die Papierwährung gewählt wurde, sondern deshalb, weil ein wirklich in genügender Weise brauchbares anderes Geld vorläufig nicht vorhanden war, das man hätte an die Stelle des als Währungsgeld nicht mehr zu haltenden Goldes setzen können.

Daß der Übergang gleichzeitig ein sinkender war, braucht nach den vorangegangenen Schilderungen des riesenhaften Goldbegehrs wohl nicht erst besonders betont zu werden; um so weniger, als dies bei einer Nachfolge der Papierwährung auf Goldwährung wohl immer der Fall sein wird.

Was den Eintritt der Papierwährung 1806 besonders interessant macht, ist das Fehlen jeglichen Gesetzes oder jeglichen staatlich proklamierten Rechtssatzes über die Verpflichtung, die Noten der Bank von England in Zahlung zu nehmen.

Bisher war Bargeld valutarisch gewesen; jetzt wurde notales Geld valutarisch. Und diese Noten waren nicht einmal obligatorisch. De jure wenigstens nicht. Tatsächlich aber blieb dem Gläubiger nichts anderes übrig, als sich mit der Akzeptation der Noten einverstanden zu erklären.

Hier ist in der Gesetzgebung eine Lücke zu konstatieren, die die ganze Schwäche der Regierung offenbar werden läßt.

Das Währungsgeld, das Hauptumlaufsmittel des Landes, besteht aus Papier. Dieses Papiergeld ist nicht vom Staate geschaffen, sondern von einer privaten Korporation ausgegeben. Es ist nicht in anderes Geld einlösbar. Niemand muß es nehmen. Erst wenn die Bereitwilligkeit zur Annahme ausgesprochen ist, hat es rechtlich dieselben Wirkungen, wie obligatorisches Geld, es ist dann definitiv. Dabei befindet es sich (so eigenartig dies auch klingen mag) zweifellos in valutarischer Stellung, da der Staat, wenn bei apozentrischer Zahlung die Notenannahme abgelehnt wird, lediglich mit Achselzucken zu antworten vermag. Wenn man den Übergang von Metallwährung zur Papierwährung — nicht immer zutreffend — mit „valutarischem Bankerott" bezeichnet, so ist der Ausdruck für den vorliegenden Fall gewiß nicht zu hart.

Der Staat hätte nur durch einen proklamatorischen Rechtssatz den Annahmezwang der Noten zu verfügen, das Papiergeld also obligatorisch zu machen gebraucht, und man hätte eine einfache Papierwährung gehabt. Eine derartige Proklamation war aber noch nicht erlassen worden.

Das Goldgeld des Landes wurde mit seiner Verdrängung durch das Papier aus der bisherigen valutarischen Stellung nunmehr stillschweigend akzessorisch. Dabei wurde aber an seinen funktionellen Eigenschaften nichts geändert. Es blieb also Kurantgeld.

Und wie jedesmal, wenn eine Metallwährung einer papierenen weichen muß, Beunruhigung und Mißtrauen des Volkes die nächste Folge sind, so war auch in England die Angst vor einem Staatsbankerott und Vermögensverlust zunächst unter den geschilderten Umständen besonders groß, da wegen der fakultativen Stellung der Noten niemand, der sich zu ihrer Annahme verstanden hatte, sicher war, daß er sie auch wieder als Geld würde zirkulatorisch weiter verwenden können; was bei Noten wegen ihrer stofflichen Wertlosigkeit ja die einzige Befriedigungsart ist.

Um so bewunderungswürdiger ist es, daß der Staat und die Bank von England es in der Folgezeit verstanden haben, dem Papiergeld, das, wie wir sehen werden, bald tatsächlich fast das einzige Geld im Inlande wurde, überhaupt noch eine Geltung zu erhalten, daß das Abweichen von seinem Hartgeldäquivalent nicht noch weit größer wurde, als es tatsächlich der Fall war.

Da bei valutarischem Papiergeld von „Hylodromie“ keine Rede sein kann, so ist es gleichgültig, ob man dieses Abweichen der Noten von ihrem Metallgeldäquivalent als ein negatives Agio des Papiers oder ein positives Agio des Hartgeldes auffassen will. Weil die schriftlichen Preisfixierungen jener Zeit ausschließlich sich auf Metall beziehen, wollen wir der Einfachheit wegen die Entfernung der Äquivalente voneinander vom Gesichtspunkt eines Metallgeldagios betrachten.

In der ersten Zeit nach Anfang der Papierwährung weicht das Gold nur wenig nach oben ab. Der Grund liegt einerseits darin, daß 1806 ein für England wirtschaftlich sehr günstiges war, dann aber auch, besonders für die Jahre 1808 und 1809 in der Tatsache, daß nach Erlaß der Kontinentalsperre eine nutzbringende Übersendung von Gold nach dem Festlande theoretisch wohl möglich, faktisch aber nur sehr schwer durchzuführen war.

Der Jahresdurchschnitt für 1806, 1807 und 1808 beziffert sich für den Preis einer Unze Standardgold auf Lst. 4 : — : —, bleibt also noch demjenigen für 1803, 1804 und 1805 gleich und ist sogar noch niedriger als der von 1802. Im allgemeinen ist der Goldumsatz in den drei Jahren von 1806 bis 1808 nur gering gewesen.

Um die Mitte von 1808 begannen die Kaufleute, die im Geschäftsverkehr mit Brasilien und Portugal standen, Gold zum Export dorthin aufzukaufen. Der Durchschnittspreis der nächsten Jahre hob sich von diesem Zeitpunkte an und betrug für 1809 statt Lst. 3 : 17 : 10½ = Lst. 4 : 5 : — p. oz. (Notiz vom 28. Februar 1809 = Lst. 4 : 10 : —), für 1810 = Lst. 4 : 10 : —, für 1811 = Lst. 4 : 4 : 6 (am 26. Februar 1811 = Lst. 4 : 13 : 6, am 30. August desselben Jahres = Lst. 4 : 17 : 6), für 1812 = Lst. 4 : 15 : 6 (am 28. Februar = Lst. 4 : 15 : —), für 1813 = Lst. 5 : 1 : —, für 1814 = Lst. 5 : 4 : — (am 22. und 28. Februar = Lst. 5 : 8 : —, was die höchste Notiz während der ganzen Bankrestriction gewesen zu sein scheint). Von dieser Zeit an ist ein langsames Zurückgehen des Goldpreises festzustellen.

So erreichte er im Jahre 1815 nur einen Durchschnitt von Lst. 4 : 13 : 6, 1816 von Lst. 4 : 13 : 6 (am 27. August nur Lst. 3 : 19 : —), 1817 = Lst. 4 : — : —, ebenso 1818; 1819 war er mit Lst. 4 : 1 : 6 wieder etwas höher, was seinen Grund in bedeutenden Anleihen hatte, welche bei hochprozentigen Verzinsungen von einer Reihe kontinentaler Mächte in England aufgenommen wurden. 1820 betrug der Jahresdurchschnitt nur noch Lst. 3 : 19 : 11 und sank 1821 auf den Münzpreis von Lst. 3 : 17 : 10½ zurück.

Als dieses Steigen des Goldpreises im Jahre 1809 auf eine bis dahin ungewohnte Höhe einsetzte, begann auch die Besorgnis im Volk größeren Umfang anzunehmen. Das Gold wurde noch mehr als bisher versteckt und dadurch weiter verteuert. Die Zeitungen beschäftigten sich mit der auffallenden Erscheinung und bald erschienen Schriften, welche der Bank von England die Schuld hieran beimaßen. Im Parlamente kam die Angelegenheit zur Sprache und 1810 wurde eine besondere Kommission mit der Untersuchung des Geldzustandes im Lande beauftragt: das so viel genannte Bullioncommittee.

Die Untersuchung wurde in der Weise geführt, daß von der Kommission Fachleute, wie Direktoren der Bank von England, Bankiers, Großkaufleute, Handelsherren mit ausländischen Beziehungen und Goldläuterer, über ihre Auffassung von den Gründen für die auffällige Preissteigerung des Goldes protokollarisch vernommen wurden. Die Aussagen der einzelnen Sachverständigen wurden darauf mit einem Gesamtgutachten der Kommission dem Parlamente vorgelegt. Im einzelnen enthält dieser „Bullion Report“, wie man den Kommissionsbericht heute noch nennt, eine Fülle wertvoller Angaben; in seiner Gesamtheit ist er aber für unsere Arbeit nur von geringem Wert, einmal, weil die Kommission, wie sich aus der Art ihrer Fragestellung erkennen läßt, offenbar in einer zu großen Notenausgabe die Wurzel des Übels zu erblicken glaubt, den Sachverständigen gegenüber also voreingenommen erscheint[1]), dann aber, weil die Tätigkeit der Kommission wirksame Besserungsvorschläge nicht hat beibringen, ein Aufhören der Aufwärtsbewegung des Goldpreises nicht hat bewirken können.

In der Zwischenzeit hatten sich die Noten der Bank eingebürgert. Man hatte die ursprüngliche Abneigung gegen sie aufgegeben und sich allmählich im Zahlungsverkehr an sie gewöhnt. So waren sie, da das Gold unter dem Einfluß der hohen Preise schon um die zweite Hälfte des Jahres 1809 geradezu eine Rarität geworden war, so ziemlich das einzige Umlaufsmittel des Landes geworden.

Auch eine umfangreiche, jedoch nicht planlose Vermehrung des Notenumlaufs hatte stattgefunden. Doch im Gegensatz zu der Assignatenwirtschaft in Frankreich und zu der immensen Vermehrung des amerikanischen Papiergeldes — Geldarten, welche beide im Betrage weit über den Wert der Sicherheiten der Ausgabestellen in Verkehr gebracht wurden —, handelt es sich bei der Vermehrung der Noten der Bank von England nur um ein gesteigertes Bedürfnis nach Zahlungsmitteln, besonders in der Stückelung des verschwundenen Silbergeldes staatlicher Emission. Daher haben auch die kleinen Noten die verhältnismäßig größere Vermehrung erfahren.

Ausgegeben wurden sie auf dem Wege der Kreditgewährung durch Wechseldiskontierung und gegen Verpfändung von Staatseinkünften, soweit es sich um Vorschüsse an die Regierung handelte. Immer waren die Sicherheiten der Bank, staatliche wie private, weit höher als der Betrag der ausgegebenen Noten. In diesem Sinne war das Papiergeld immer gedeckt. Die dafür vorhandenen Sicherheiten waren derart, wie sie schon im Gründungscharter der Bank gesetzlich vorgeschrieben waren.

Bei der französischen und amerikanischen Papiergeldwirt-

---

[1]) Fast alle Sachverständigen leugnen eine Schuld des Banknotenumlaufs an dem hohen Goldpreise, die Mehrzahl gibt an, daß man bei Zahlungen zwischen Hart- und Papiergeld einen Unterschied zu ungunsten des letzteren nicht mache, gleichwohl bekennt sich die Kommission zur Ansicht der Minderheit.

schaft, deren riesiger Zusammenbruch wohl noch auf die Gemüter in England beunruhigend nachwirkte, handelte es sich um verschuldete Emittenten. Die Bank von England dagegen war auch zu den Zeiten ihres größten Notenumlaufs stets Gläubigerin ihren Klienten gegenüber.

Das Anwachsen der Papiergeldausgabe in den beiden Ländern läßt sich auch nicht annähernd mit der Verstärkung der Notenemissionen der Bank von England vergleichen: Von 1775 bis 1776 wuchs der Umlauf des amerikanischen Papiers von drei Millionen Dollars auf zwanzig Millionen, wurde also fast versiebenfacht. 1½ Jahre später, im Dezember 1777 belief er sich auf rund 70 Millionen Dollars, war also innerhalb einer Zeit von 2½ Jahren auf das 23fache seines ursprünglichen Betrages gebracht worden. Während bei der ersten Vermehrung ein besonderes Mißtrauen nicht festzustellen war, erhielten die Noten bei der zweiten schon ein negatives Agio von etwa 50 %. Als man trotzdem mit der Vermehrung fortfuhr und den Betrag des Umlaufs in weniger als zwei Jahren sogar bis auf 200 Millionen Dollars erhöhte, war das Agio bis auf 90 % gestiegen, das Papiergeld lief also nur zu 10 % seiner Begültigung um und war ein Jahr später, 1780, völlig wertlos.

Ähnlich war es mit den Assignaten. Im April 1790 waren 400 Millionen Franken erstmalig ausgegeben worden. 1½ Jahre später war der Betrag fast vervierfacht und bezifferte sich auf 1500 Millionen Franken, in weiteren 15 Monaten gar auf 2300 Millionen Franken. Gleiche Steigerungen folgten, bis das Papier völlig ungeeignet für den Umlauf und wertlos war.

In England hatte seit der Einstellung der Barzahlungen die Bank ihre Notenvermehrung nur mäßig und ganz den an sie gestellten Ansprüchen entsprechend vorgenommen. Bis 1811 war eine Vermehrung um rund 12 Millionen Pfund zu verzeichnen. Mehr als 8½ Millionen Pfund hiervon waren Noten von Lst. 2 und darunter.

Als gemünztes Geld kamen lediglich die Dollars der Bank von England neben den Noten in Frage, so daß die Bank buchstäblich die einzige Geldquelle Englands um 1810 war. Äußerungen der vom Bullioncommittee vernommenen Sachverständigen wie: „Ich bekomme keine Guineen zu sehen, ich sehe nicht einmal ein Siebenschillingstück!“ oder „Ich könnte nicht in Guineen zahlen, denn ich bekomme keine!“ finden sich des öfteren. Dabei stammt die letztere Antwort von einem Bankier! Ein anderer berichtet, daß die Einkassierer, die er ausschickt, ihm, obwohl sie ein großes Inkasso haben, in keiner Form Gold bringen. In der Hauptsache liefern sie gestempelte Dollars ab. Er gibt aber zu, bei der Bank von England ein Depot von Guineen zu haben (also ein Beispiel für die Thesaurierung der Goldmünzen).

Die Bank von England gab in dieser Zeit so gut wie gar kein Gold aus. Ihre Dividende zahlte sie in ihren Noten oder in Dollars. Nur Bruchsummen unter Lst. 5 bezahlte sie gelegentlich in Gold. Auch wechselte sie Guineen, wenn sie nicht vollwichtig waren, nicht gegen half-guineas und Siebenschillingstücke aus.

Auf die ihm vorgelegte Frage: „No gold has been seen in circulation lately?“ antwortet einer der Vernommenen mit einem glatten: „No!“, und ein anderer glaubt behaupten zu können, daß sich kaum ein Privater finden lasse, der — selbst guten Willen vorausgesetzt — imstande wäre, einen Betrag von auch nur Lst. 120.— in Bargeld zu zahlen.

Am 8. April 1811 klagt Lord Folkestone darüber, daß nicht nur Banken und Handelshäuser den Mangel an kleiner Münze empfänden, sondern auch Private in ihrem täglichen Kaufverkehr. Er bringt einen Brief eines Freundes zur Verlesung, in welchem dieser sich beklagt, daß er in verschiedenen kleinen Orten des Landes vergeblich versucht habe, einige kleinere Noten umzuwechseln. Ja, ein Privatbankier sei sogar nicht in der Lage gewesen, eine einzige Lst. 1. Note in klingende Münze umzuwechseln.

Mehrere Personen pflegten sich infolgedessen zu ihren Einkäufen zusammenzuschließen, da es ihnen einzeln nicht möglich war, bei Bezahlung der gekauften Waren mit einer Lst. 1. Note den überschießenden Betrag in Münze heraus zu bekommen.

Man war froh, überhaupt irgendwelche Münzen in kleiner Stückelung zu erhalten und erklärte sich sogar gerne bereit, französische 12- und 24-Sous-Stücke, die massenhaft eingeführt wurden, mit in Austausch zu nehmen. In einer Parlamentssitzung wird von dieser Zeit behauptet, daß jemand, der eine Lst. 1. Note wechseln wollte, die Hälfte davon in französischen Sousstücken und die andere Hälfte in gefälschter heimischer Münze annehmen müsse.

Die französischen Münzen zirkulierten zur gleichen Zeit in Frankreich nur für 10 und 20 Sous. Es entsprang also demjenigen, der sie in Frankreich sich verschaffte und nach England, wo sie recht gern genommen wurden, exportierte, ein Gewinn von 20 %, wodurch sich die Menge solcher in England auftauchenden Stücke zur Genüge erklärt. Gleichwohl waren sie hier nicht etwa synchartal mit Frankreich im Umlauf, da der englische Staat sie unter sein Geld überhaupt nicht aufnahm. Aus diesem Grunde bildet ihr Umlauf in England auch keine Parallele zu dem spanischen Peso Ende des 18. Jahrhunderts. (Mr. Grenfell, house of Commons, 10. April 1816.) Mr. Horner sagt im Unterhaus 1811: „Es ist sehr wohl bekannt, daß des Königs Münzgeld völlig verschwunden ist und daß außer demjenigen der Bank von England kein Geld existiert!"

Die Frage, ob das Goldagio auf Kosten des Papiergelds gehe, ob also die Noten der Bank ein negatives Agio zeigen, d. h. nicht zu dem Nennwert angenommen werden, wird von den Fachmännern verschieden beantwortet. Die meisten leugnen einen Unterschied bei der Verwendung eines bestimmten Nennbetrages in Noten und in Goldmünzen. Andere geben einen solchen Unterschied zu.

Wir wollen gerne glauben, daß beispielsweise für 21 Stück Lst. 1. Noten nicht immer dasselbe zu kaufen gewesen ist, wie für 20 Guineen, obwohl nach der Geltung beide gleich 420 Schillingen waren; aber ein beträchtlicher und ständiger Unterschied dürfte doch kaum gemacht worden sein. Denn alsdann hätte es sich um eine allgemein eingebürgerte Gepflogenheit handeln müssen. Eine solche würde vom einzelnen als selbstverständlich hingenommen worden sein und für die Individuen nichts Auffälliges an sich gehabt haben.

Das war hier aber offenbar nicht der Fall. Denn als man vereinzelt begann, für Hingabe von Guineen gegen Noten ein Aufgeld zu verlangen, wurde mehreren Personen auf Grund des Gesetzes Stat. 5—6 Edward VI. ch. 19 der Prozeß gemacht. Dieses Gesetz verbietet, für eine Münze mehr zu geben oder zu nehmen, als ihre Begültigung besagt. Man hatte jedoch nicht den erwarteten Erfolg. Denn der richterliche Entscheid fiel dahin aus, daß bei einem Auswechseln von Goldgeld gegen Noten das angeführte Gesetz nicht anzuwenden sei, da es sich nur auf den Austausch von Münzen gegen Münzen beziehe.

Läßt der Prozeß einerseits mit Recht vermuten, daß es sich nur um einen Versuch zur Herstellung eines Agios gegenüber dem Papier handelte, so mußte das gefällte Urteil die Befürchtung laut werden lassen, daß sich in Zukunft derartige Fälle häufiger wiederholen würden. Das sah auch der Staat ein. Und um der dadurch drohenden weiteren Gefährdung des Geldwesens vorzubeugen, gleichzeitig aber auch, um Versäumtes nachzuholen und den Sinn des angezogenen Gesetzes dem durch die Aufnahme des Papiergelds in das staatliche Geldwesen inzwischen veränderten tatsächlichen Zustand anzupassen, wurde am 24. Juli 1811 ein neues Gesetz erlassen [1]).

Dieses nach seinem Einbringer allgemein „Lord Stanhope's bill" genannte Gesetz bestimmte, daß die proklamatorische Begültigung der Goldmünzen unter allen Umständen aufrecht erhalten werden solle. Insbesondere dürfe kein Aufgeld darauf genommen oder gegeben werden, weder in Form von Gold staatlicher Emission noch in Form von Noten oder Tokens der Bank von England.

Im zweiten Absatz war festgesetzt, daß für die Noten der Bank von England dasselbe gelten sollte. Auch sie durften nicht anders, als zu dem ihnen aufgedruckten Nennbetrage in den Verkehr gebracht werden. Beschleunigt wurde dieses Gesetz

---

[1]) Stat 51. Geo. III. ch. 127.

durch ein Zirkularschreiben Lord Kings, durch welches er, um sich das eben erwähnte gerichtliche Urteil für seine Zwecke nutzbar zu machen, seinen zahlreichen Pächtern mitteilte, daß er in Zukunft Zahlungen von ihnen nur in Guineen oder portugiesischen Goldmünzen annehmen würde. Sollten sie Zahlung in Noten vorziehen, so könne er sie nur mit einem Zuschlag von 14½ % akzeptieren.

Mochte man bei Erlaß dieses Gesetzes auch nicht allzu große Hoffnungen in seine praktische Wirksamkeit gesetzt haben, wichtig war es zunächst wegen der äußerlichen Gleich- oder Parallelstellung der Goldmünzen mit den Noten der Bank von England, dann aber wegen eines weiter angefügten Passus.

Die Regierung benutzte nämlich die Gelegenheit, die vorher erwähnte Lücke in der Gesetzgebung wenigstens teilweise auszufüllen. Zwar wurde dem Papiergeld nicht ausdrücklich Annahmezwang verliehen, in der Wirkung kamen aber die neuen Bestimmungen einem solchen fast gleich.

Es wurde nämlich verfügt, daß jeder, der einem anderen eine Rente oder sonstwie Geld schulde, seinem Gläubiger entweder allein oder neben anderem Gelde zur Tilgung seiner Schuld Noten der Bank von England anbieten dürfe. Falls das Angebot den vollen Schuldbetrag erreichte, sollte, auch wenn der Gläubiger die Notenannahme verweigerte, Pfändung und Zwangsvollstreckung in das Vermögen des Schuldners ausgeschlossen sein. Selbstverständlich blieben dem Gläubiger, was noch besonders ausgesprochen wurde, sämtliche anderen Forderungsrechte ungeschmälert erhalten. Aber er wußte nicht, wann er in den Besitz seiner Forderung in Hartgeld würde gelangen können und zog gewiß in den weitaus meisten Fällen eine Befriedigung durch Notenzahlung vor. Alle Exekutivverfahren waren jedenfalls ausgeschlossen.

Zweifellos hat die Vereinigung dieser beiden Bestimmungen, deren eine die Noten fast obligatorisch machte, während die andere gleichzeitig sie vor einem Agio zu bewahren suchte, in einem Gesetz nicht unwesentlich dazu beigetragen, das Papiergeld im Verkehr aufnahmefähiger zu machen und so eine Erweiterung der Notenausgabe der Bank von England ermöglicht, wodurch wiederum ein Ersatz des abgeflossenen Goldgeldes geschaffen und der Staatszweck erreicht wurde. Das Gesetz sollte ursprünglich bis zum 25. März 1812 in Kraft bleiben. Durch mehrere Verlängerungen wurde seine Gültigkeit aber schließlich [1]) für die ganze Dauer der Bankrestriction ausgedehnt.

Den äußeren Anlaß zur Einbringung dieses Gesetzpassus hatten Streitigkeiten zwischen Gläubigern und Schuldnern gegeben. Als sich mit dem stetigen Steigen des Goldpreises nämlich für den Inhaber von Gold die Aussicht auf besonderen Gewinn eröffnete, ging natürlich das allgemeine Streben dahin, Guineen zu ihrer Geltung zu erwerben. Wer also in den neunziger Jahren, als der Marktpreis des Goldes dem Münzpreis noch gleich oder nahe gewesen war, Kapitalien in Gold ausgeliehen hatte, der suchte seine Forderung jetzt zu realisieren und bestand dabei hartnäckig auf Rückzahlung ebenfalls in Gold. Dabei war er strenger Chartalist und weigerte sich, die einzelnen Guineen höher als ihre Begültigung erforderte, in Zahlung anzunehmen. Hatte er die Guineen aber erst in seinem Besitz, so sah er nichts mehr von ihrer Chartalität. Sie waren in seinen Augen nunmehr nur noch Ware, die zu einem möglichst hohen Preis begeben werden mußte. Wer seinen Willen in dieser Weise durchsetzte, konnte mit Leichtigkeit ein Vermögen dabei verdienen.

Auf der andern Seite aber dachte der Schuldner, der früher ein Darlehn aufgenommen und vielleicht in vollwichtigen Guineen erhalten hatte, jetzt gar nicht daran, seine Schuld in Guineen abzutragen. Wenn er die Guineen wirklich besessen hätte, hätte er sie eingeschmolzen und seinem Gläubiger das entstandene Barrengold zum Marktpreise angerechnet oder, wenn dieser sich damit nicht einverstanden erklärt hätte, hätte er es an den Händler direkt verkauft, um alsdann mit dem dafür erhaltenen Papiergeld den Gläubiger zu befriedigen.

Den aus derartigen Versuchen gegenseitiger Übervorteilung

---

[1]) Durch Stat. 54. Geo. III. ch. 52.

sich erhebenden endlosen Streitigkeiten machte das Gesetz ein Ende.

Diese Streitigkeiten waren ganz allgemein gewesen und die ihnen zugrunde liegende Idee lebte noch lange weiter. Als man sich im März 1816 mit den vorbereitenden Beratungen zur Rückkehr zur Goldwährung im Unterhause beschäftigte, befürwortete ein Abgeordneter, Mr. Frankland, die Schaffung einer ganz neuartigen Goldmünze mit der eigenartigen Begründung, „man könne die Guinea nicht wieder einsetzen, ohne denjenigen gegenüber, die in der Zeit der Not gezwungen waren, ein Darlehn in ‚entwertetem' Gelde aufzunehmen, eine Ungerechtigkeit zu begehen".

§ 8. ENGLANDS INTERVALUTARISCHE BEZIEHUNGEN.

Ein Land, das Handel treibt, steht in ständigem Warenaustausch und damit auch in Zahlungsverkehr mit dem Auslande. Die an das Ausland verkauften heimischen Artikel müssen beim Verkäufer, also im Inlande, mit inländischem Gelde bezahlt werden. Sich dieses zu verschaffen, ist Sache des Käufers. Andrerseits ist für die aus dem Auslande bezogenen Waren in dem Gelde des betreffenden Landes selbst Zahlung zu leisten. Durch die fahrenden Kaufleute dringt das Geld des einen Landes auch über die Grenzen in das andere ein, und zwar in umso größeren Mengen, je lebhafter der Warenaustausch zwischen beiden betrieben wird. Aber das Geld des fremden Landes, das im Inlande vorhanden ist, verliert hier seine Geltung. Es wird zur Ware und als solche gehandelt. In Frage kommt also nur Münzgeld. Der Preis dafür ist umso höher, je mehr Liebhaber sich dafür finden und um so niedriger, je weniger Bedarf dafür vorhanden ist, also lediglich ein Produkt von Angebot und Nachfrage. An die Stelle der festen Geltung einer Geldart tritt, wenn diese über die Grenzen des eigenen Staates hinaus im Auslande Verwendung im Zahlungsverkehr finden soll, ein schwankender Preis.

In früheren Zeiten sammelte der Kaufmann, welcher von einem fremden Lande Waren holen wollte, vor seiner Ausreise das Geld des betreffenden Landes, dessen er durch Kauf habhaft werden konnte, an und bezahlte damit im Auslande das Erstandene.

Reichte einmal das von Hause mitgenommene ausländische Geld für die Bezahlung seiner Ankäufe nicht aus, so blieb ihm zunächst nichts anderes übrig, als sein heimisches Geld für den Rest anzubieten. Über den Preis mußte er sich mit dem ausländischen Verkäufer verständigen, das heißt, dieser mußte erklären, daß er bereit sei, die Einheit des heimischen Geldes des Käufers für so und so viele Einheiten des Geldes, in dem die Zahlung geleistet werden mußte, anzunehmen. Tat er dies, so geschah es wohl zunächst in der Voraussicht, daß er selbst ebenfalls bald im Lande des jetzigen Käufers Gegenanschaffungen zu machen habe, und sich dann des jetzt als Ware angenommenen Stückes dort als Geld bedienen könne. Hierfür, nämlich daß er berechtigt war, mit dem Stück im Lande des Käufers Zahlung zu leisten, mußte er allerdings eine Gewähr haben, d. h. es mußte sich um das valutarische Geld handeln.

Wie hoch er dabei das von seinem Käufer angebotene Geld in Anrechnung brachte, wird in der Hauptsache davon abhängig gewesen sein, ob es mit größerer oder geringerer Leichtigkeit, mit mehr oder weniger Kosten durch Umprägung in die Landesmünze zu verwandeln war. Je häufiger jedoch die Kaufleute verschiedener Länder in gegenseitigen Zahlungsverkehr traten und je häufiger sie dabei in die Lage kamen, das ausländische Geld mit annehmen zu müssen, um so dringender tauchte bei ihnen der Wunsch auf, diesen Austausch möglichst gefahrlos vollziehen zu können. Eine Verminderung der Schwankungen im Preise des ausländischen Geldes und möglichst gar einen festen „Kurs“ herbeizuführen, lag im beiderseitigen Interesse. Die Geldeinheit eines Landes zu der Geldeinheit des anderen in ein festes Verhältnis zu setzen, war stets jedes Staates ideales Bestreben. Das gegenseitige Verhältnis zweier solcher Geldarten ist jedoch zu vielen Zufälligkeiten unterworfen, als daß dies bisher gelungen wäre.

Die Umständlichkeit des Verfahrens wurde bald lästig. Die

Kaufleute, die ins Ausland mit einem Warentransport auszogen, um mit anderen Gütern zurückzukehren, wußten oft nicht, wieviel von ihren Artikeln sie dort verkaufen, also in Austauschverrechnung würden bringen können und wieviel Geld des fremden Landes sie noch mitnehmen müßten. Auch war das Mitführen von Geld stets gefährlich, da dieses von jeher zum Raub am meisten gereizt hat.

So kam es, daß man allmählich von der Barzahlung im Auslande möglichst abzugehen suchte und dafür sich des Wechselaustausches bediente. Dies war um so praktischer, je mehr ständige Geschäftsfreunde man im Auslande hatte.

An die Stelle der valutarischen Geldarten traten jetzt Wechselbriefe. Wer von England Waren auf Bestellung nach Hamburg sandte, ließ sich gleichzeitig vom Kaufherrn in Hamburg über die Höhe seiner Rechnung einen Wechsel ausstellen, in welchem Zahlung zu einem bestimmten Termin versprochen wurde. Diesen Wechsel bewahrte er auf bis zur Fälligkeit. Hatte er jedoch gleichfalls eine Zahlungsverpflichtung in Hamburg zu erfüllen, so sandte er seinem Gläubiger den Wechsel seines Hamburger Käufers und machte ihn unter Verrechnung der Differenz damit bezahlt.

So wurde eine bedeutende Vereinfachung erzielt und vor allen Dingen die Kosten und Gefahren des Geldtransportes vermieden.

Es konnte natürlich nicht ausbleiben, daß der Kurs, zu dem die auf das Geld des fremden Staates lautenden Wechsel angenommen und verrechnet wurden, von Fall zu Fall neu festgesetzt wurde. Aber auch hierbei bemühte man sich, die Kurve dieser Schwankungen der für beide Länder die Gleichung bezeichnenden geraden Linie nahe zu halten. Für den Verlauf der Kurskurve sind eine lange Reihe von Faktoren maßgebend, deren hauptsächlichster wiederum das Verhältnis von Angebot und Nachfrage ist. Diese wieder sind vorzugsweise abhängig von dem Stand der Handelsbilanzen beider Länder. Ist das eine genötigt, dauernd gewisse ihm notwendige Artikel, die es selber (sei es auch nur seiner klimatischen Verhältnisse wegen) nicht produzieren kann, aus dem anderen zu beziehen, ohne den Gegenwert voll in eigenen Landeserzeugnissen zum Austausch bieten zu können, so bleibt es dem liefernden Lande gegenüber dauernd Schuldner. Die Handelsbilanz steht zugunsten des Lieferantenlandes. Und zum Ausgleich der Bilanz sind vom Schuldnerland Wechsel auf das andere sehr gesucht. Der Wechselkurs auf das Gläubigerland steht also für dieses günstig. Dagegen ist in dem Lande, das die meisten Forderungen hat, die Nachfrage nach Wechseln auf das Schuldnerland nicht so stark, die Preise niedriger. Die Kurse sind in beiden Fällen abweichend von der nivellierenden Graden, die man mit „Parität" bezeichnet.

Das Verhältnis von Angebot und Nachfrage in Wechseln wird nicht allein bedingt durch die Handelsbilanzen beider Länder. Es kann auch beeinflußt werden durch Spekulation usw.; es kann geändert werden durch bewußtes Eingreifen des einen oder des anderen Landes.

Die Schwankungen des Wechselkurses sind verschieden, je nach der ruhigen oder stürmischen politischen Lage jedes der beteiligten Staaten. Ist einer der beiden Staaten in einen Krieg verwickelt, dessen Ausgang für ihn ungünstig oder ungewiß sein wird, so hat man in dem andern nicht sehr starken Begehr nach seinen Wechseln, die daher im Kurse sinken werden. Man bevorzugt zur Regulierung der Bilanz das valutarische Geld.

Oder es kann einmal einem Lande das Münzgeld knapp werden, so daß es sich genötigt sieht, dem Auslande Wechsel aufzudrängen, auch wenn der Kurs schon niedrig ist, worin ja jedesmal ein Nachlassen der Nachfrage ausgedrückt liegt. Dann wird der Kurs noch weiter sinken.

Ferner ist der Zustand der Kommunikationsmittel beider Länder mitbestimmend und damit die Höhe der für Geldübersendung erforderlichen Transportkosten.

Kurz, die Wechselkurse sind einer Menge von Einflüssen preisgegeben. Ist einmal eine längere Zeit hindurch, etwa eine Reihe von Jahren, der Wechselkurs — was natürlich nur in ganz ruhigen, in jeder Hinsicht normalen Zeiten und bei völliger Ordnung in den Finanzen und im Geldwesen beider Länder vorkommen kann — von Schwankungen frei oder fast frei geblieben und für beide Länder der gleiche gewesen, so spricht man diesen Kursstand leicht als „Parität" an.

Man darf aber nicht vergessen, daß man unter „Parität" etwas Abstraktes zu verstehen hat, während es sich in der Wirklichkeit um etwas sehr Konkretes, um das Abwägen sehr vieler Momente handelt. Die Wechselkurskurve zweier Länder ist zu vielen Angriffspunkten ausgesetzt, als daß sie jemals als gerade Linie dauernd unverändert gleichbleibend daraus resultieren könnte.

Während der Bankrestriction galt als Parität zwischen England und Hamburg (Hamburg war der hauptsächlichste ausländische Marktplatz für den englischen Handel) die Gleichung

1 Lst. Sterling — 34 Schillinge 3½ Pfennige flämisch,

zwischen London und Paris

1 Lst. Sterling — 25 Livres,

zwischen London und Amsterdam

ungefähr 1 Lst. Sterling — 12 Fl.,

zwischen London und Lissabon

67½ d — 1 milreis.

Amerikanische Wechsel wurden in England nicht gehandelt, wenigstens nicht notiert. Wohl aber englische Wechsel in Amerika.

Bei Übersendung von Münzgeld war in den ersten Jahren nach 1797 mit einem Zuschlag von 1½ % bis 2 % bei Sendungen nach Hamburg und Amsterdam für Transportkosten zu rechnen. Für Geldtransporte nach Paris, also auf dem Landwege, erhöhten sich diese Kosten natürlich um ein Bedeutendes. Die Transportgebühren für die anderen Handelsplätze waren nicht zu schätzen. Sie wurden für jeden Einzelfall besonders vereinbart.

Zu diesen Transportkosten trat noch die Prämie für eine besondere, übliche Risikoversicherung, die für die Bestimmungsorte Hamburg und Amsterdam auf ungefähr 2 % geschätzt wurde, so daß zu dem Paristande noch etwa 3½ % bis 4 % hinzukamen. In den späteren Phasen des Krieges erhöhte sich jedoch diese Risikoprämie, die ebenfalls für den Einzelfall festgesetzt wurde und in den Jahren um 1810 herum je nach der Gefahrzone und Gefahrperiode bis 4 % stieg.

Zu den Transportkosten traten noch die Gebühren für die eventuelle im fremden Staate notwendig werdende Umprägung der ausgeführten Geldmengen, also der dort zur Erhebung kommende Schlagschatz und die Zinsen vom Tage der Einlieferung an die Münzstätte bis zum Empfang des Gegenwertes.

Die Gesamthöhe aller dieser Nebenkosten für eine Übersendung von Metallgeld läßt sich nicht genau feststellen, weil außer dem feststehenden Schlagschatz alle anderen Ausgaben sich von Tag zu Tag und von Fall zu Fall änderten.

Deshalb ist es auch nicht möglich, für diese Zeit den Goldpunkt gegen England mit einiger Wahrscheinlichkeit genau zu bestimmen, das heißt, den Augenblick zu fixieren, da der Wechselkurs für England sich so ungünstig gestaltete, daß eine Übersendung von Münzgeld nach dem betreffenden Lande trotz aller Nebenkosten, Schwierigkeiten und Beschwerden noch lohnender war, als für den festgesetzten Kurs den Wechselaustausch vorzunehmen. Dasselbe gilt für den Goldpunkt für England, das heißt den Moment, da der Wechselkurs mit einem anderen Staat sich für England so günstig stellte, daß das fremde Land Münzsendung vorzog, England also einen Zufluß von Gold oder Silber aus dem Auslande erhielt.

Wenn wir — absichtlich weit greifend — die Gesamtheit aller Nebenkosten für Metallübermittlung mit reichlich 7 % annehmen wollen, so würden diese beiden Goldpunkte etwa bei den Kursnotierungen 36 : 8 für und 31 : 10 gegen England gelegen haben. Die Fixierung dieser beiden Grenzlinien kann jedoch auf Genauigkeit keinen Anspruch machen, weil, wie gesagt, die Angaben über die Kosten einmal zu spärlich übermittelt sind, dann aber auch überhaupt nicht dauernd feststanden.

Gleichwohl dürfte diese ihre Lage ein gut Teil Wahrscheinlichkeit für sich haben.

Die Wechselkurse von Hamburg auf London und umgekehrt schwanken in der Zeit der Bankrestriction ungeheuerlich und verweilen nur während eines kleinen Teils dieser Periode in der

Parinähe. An beiden Orten wurde der Kurs für 1 Lst. Sterling notiert, das heißt, also in London sowohl wie in Hamburg besagte die Notiz, wieviel flämische Schillinge man für 1 Lst. Sterling erhielt, bzw. geben mußte. Stand der Kurs beispielsweise höher als die Parität 1 Lst. = 34 Sch. 3½ Pf. fl. erforderte, also etwa 1 Lst. = 36 Sch. fl., so erwarb das englische Geld mehr Hamburger Geld. Der Kurs war also für England günstig, für Hamburg ungünstig. Je weniger flämische Schillinge für 1 Lst. notiert wurden, um so besser stand andrerseits der Kurs für Hamburg.

Am besten veranschaulicht man sich die Kursschwankungen in einer Kurvenzeichnung.

Eine solche läßt schon auf den ersten Blick erkennen, daß die Kurse genau den geschichtlichen, die englischen Interessen berührenden Ereignissen folgen.

Bei dieser Beobachtung drängt sich die Tatsache auf, daß jedesmal, wenn in dem Druck der kontinentalen Ereignisse auf das englische Wirtschaftsleben ein Nachlassen sich bemerkbar machte, wenn in den außerordentlichen Zahlungen an das Ausland eine Pause eintrat, sich die Kurse sofort wieder erholten.

Rein äußerlich betrachtet, läuft die Kurve der Hamburger Notierungen derjenigen der Londoner in den großen Zügen ziemlich parallel. Man sollte meinen, daß beide in der Hauptsache hätten zusammenfallen und als eine einzige Linie hätten verlaufen müssen. Daß dies nicht der Fall war, lag daran, daß die Wechselan- und -verkäufe hauptsächlich in Hamburg effektuiert wurden und daß die Londoner Notiz der Hamburger sich anpaßte. Schon durch Fehlen des Telegraphen war es ausgeschlossen, beide in Übereinstimmung zu bringen.

Als die im Jahre 1796 in England um sich greifende Furcht vor einer Invasion französischer Truppen sich als unbegründet erwies, stieg der Kurs auf Hamburg von 35 : 6 Sch. fl. etappenweise mit geringen Rückschlägen stetig im Jahre 1797 bis auf 38 : 3. Diesen Stand, der für lange Jahre seine größte Höhe bedeuten sollte, erreichte er am 5. Dezember 1797. Dann wich er etwas und schwankte im Jahre 1798 zwischen 37 : 10 und

37 : 3, wobei er sich den größten Teil des Jahres auf 37 : 6 und darüber hielt. Der dauernd hohe Stand der Kurse das ganze Jahr hindurch war wohl in der Überlegenheit der englischen Flotte Frankreich gegenüber begründet, für die durch Nelsons hervorragenden Sieg bei Abukir Anfang August ein glänzender Beweis erbracht wurde.

In Hamburg waren die Veränderungen die ganze Zeit hindurch fast gleich Null gewesen, hatten sich gegen Ende 1798 jedoch mit einem Sinken von 36 : 7 auf 35 : 10 schon merklich zu ungunsten Englands geneigt. Die Ursache lag darin, daß eine große Anzahl Hamburger Großfirmen anfing mit Schwierigkeiten zu kämpfen und, um Verluste möglichst zu vermeiden, die Bezüge aus England einstellte, so daß die Zahlungen dorthin weniger wurden, die Nachfrage nach Wechseln also sich verringerte. Das Fallen des Kurses setzte sich aus demselben Grunde im Anfang 1799 fort. Am 18. Januar lautete die Notiz in Hamburg 35 und blieb so bis zum 18. Juni, um dann, als die große kommerzielle Katastrophe unvermeidlich geworden war, unter Pari zu sinken. Schon am 3. September stand der Wechselkurs auf London 32, am 31. Dezember gar nur 30. Die Energie, mit welcher man, wie wir schon an anderer Stelle besprochen haben, an die kaufmännische Sanierung in Hamburg ging, bewirkte zwar, daß der Kurs sich 1800 bis zum 19. Mai nochmals bis auf 31 : 10 hob, konnte aber doch nicht hindern, daß er in der zweiten Jahreshälfte wieder dauernd sank und schließlich am 30. Dezember 1800 mit 29 : 4 seinen äußersten Tiefstand innerhalb der ersten 12 Jahre der Bankbeschränkung erreichte.

In London hatte das Fallen des Hamburger Kurses mit den Hamburger Notierungen in dieser Zeit ziemlich gleichen Schritt gehalten. Von 37 : 8 im Anfang 1799 war er über 37 : 4 am 5. April ziemlich rasch bis auf 35 : 6 am 10. Mai gewichen, hatte sich auf diesem Stand kurze Zeit gehalten und am 25. Juni sogar bis auf 36 verbessert, um dann ebenfalls haltlos unter Pari zu stürzen. Am 23. August notierte er nur noch 34 und war schon am 10. September bis auf 32 : 9 gefallen. Auch hier hielt er sich nur bis zum 8. Oktober, um dann auf 32 zu sinken. Bis zum Schluß des Jahres schwankte er zwischen 32 : 6 und 32. Am 11. Februar 1800 wich er sogar auf 30 : 6. Dann machte er im Laufe des Jahres die geringe Aufwärtsbewegung bis zu 32 : 3 mit, um im letzten Vierteljahre schnell seinem für die genannte Periode tiefsten Stand zuzueilen, den er am 6. Januar 1801, wenige Tage nach dem Hamburger Minimum, mit 29 : 10 erreichte.

Die Schuld an diesem Tiefstande der Wechselkurse zwischen den beiden Staaten ist in der Hauptsache der Hamburger Krisis zuzuschreiben, deren einzelne Daten sich in ihnen deutlich erkennen lassen. Während Hamburg sich energisch bemühte, die Zahlungsbilanz mit England zu seinen eigenen Gunsten zu gestalten, den Import aus England also auf das Mindestmaß zu beschränken, den eigenen Export dorthin zu steigern, häuften sich aus der Furcht vor weiteren Hamburger Fallissements in England die Ziehungen auf Hamburg gleichzeitig. Ihre auf dem Markte angebotene Menge überstieg bei weitem die Nachfrage und wirkte ihrerseits weiter drückend auf den Kurs. Dazu kam, daß eine englische, nach Holland dirigierte Expedition dort ein unglückliches Ende fand, wodurch die Aussichten Englands auf einen endgültigen Kriegserfolg sehr in Frage gestellt wurden.

Ende 1800 waren aber nun die Arrangements mit den Hamburger Firmen getroffen und mit dem neuen Jahre 1801 konnten auch die Handelsverbindungen von neuem in normalen Bahnen vorsichtig wieder aufgenommen werden. Dies äußerte sich für den größten Teil des Jahres in einer auffallenden Stetigkeit der Wechselkurse. Die Notierungen in Hamburg änderten sich vom 23. Januar bis zum 28. Dezember nur von 31 : 4 in 31 : 3 und die Londoner schwankten von Februar bis September zwischen 31 : 10 und 31 : 4, zuletzt mit einer Tendenz zum Steigen. Mitbestimmend hierfür war der Thronwechsel in Rußland. England benutzte die Gelegenheit, mit Alexander I. und dann auch mit Schweden und Dänemark Schiffahrtsverträge abzuschließen, die das Ansehen des englischen Handels im Auslande wieder beträchtlich hoben.

Im letzten Quartal wurden die Präliminarien zur Beendigung des Krieges zwischen England und Frankreich angeknüpft, die diese Tendenz noch befestigten. Und als am 27. März 1802 der Friede zu Amiens geschlossen war, wurde dieses Steigen stetig. Die Londoner Notiz besserte sich von Tag zu Tag und war am Jahresschluß mit 34 der Parität nahe, die sie am 4. Februar 1803 erreichte. Der Kurs von Hamburg auf London stand am 31. Dezember 1802 ebenfalls mit 33 : 10 fast auf pari. Schon schien es, als ob die Kurse ihren wünschenswertesten Lauf nehmen sollten — die Notierungen in London entfernten sich bis zum 3. Mai fast gar nicht von der Parilinie — da brachen am 16. Mai 1803 durch die englische Kriegserklärung die Feindseligkeiten mit Frankreich von neuem los. Sie hatten einen sofortigen Kurssturz zur Folge. In London wurden am 26. August 32 : 10 notiert, in Hamburg am 13. September 32 : 2. Tiefer sollten sie jedoch nicht sinken. Denn die der französischen bedeutend überlegene englische Flotte machte ein Übersetzen französischer Heere nach England unmöglich, so daß Napoleon seinen ursprünglich darauf hinzielenden Plan als aussichtslos bald aufgeben mußte. Das Jahr 1804 war für England sehr günstig. Die Ernte fiel reichlich aus, so daß die Getreideeinfuhren um ein Bedeutendes verringert werden konnten und die Handelsbilanz sich beträchtlich zugunsten Englands änderte.

Dazu kam, daß der geniale Pitt ans Ruder zurückgerufen wurde, dessen politische Gewandtheit auch vom Ausland anerkannt wurde. Sie zeigte sich auch sofort darin, daß es ihm gelang, Rußland, Schweden und Österreich mit England zu einer neuen (der dritten) sogenannten Koalition gegen Frankreich zu gewinnen, die dann 1805 zustande kam. Schließlich war in dieser Zeit im nördlichen Europa der Lärm französischer Waffen einigermaßen verstummt, da Napoleon sich mit inneren Angelegenheiten beschäftigte. Er ließ sich im Mai 1804 zum erblichen Kaiser machen. Das Ausland hatte Ruhe vor ihm. Für England hatten alle diese Tatsachen die Wirkung, daß sich der Kurs auf Hamburg vom letzten Drittel 1803 an von 32 : 10 bis zur Mitte 1804 auf 35 : 10 hob und ungefähr in dieser Höhe hielt bis um die Mitte von 1805. Am 25. August 1805 notierte der Hamburger Wechselkurs in London 35 : 5, war also noch beträchtlich über Pari. Die Hamburger Notiz auf London ging bis zum 28. Mai 1804 gleichfalls bis 35 : 6 hinauf, fiel jedoch dann wieder bis auf 34 am 31. Dezember. 1805 blieb er so in den ersten 8 Monaten, erreichte am 10. September sogar noch 34 : 2, um dann ruckweise bis zum 31. Dezember auf 31 : 10 zu sinken. Auch in London wurde ein Fallen bis auf 32 : 9 am 26. November verzeichnet. In diesem starken Sinken dürfte eine Wirkung des Napoleonischen Einmarsches in Österreich, der Gefangennahme eines österreichischen Heeres unter Mack bei Ulm am 17. Oktober und der Besetzung Wiens durch französische Truppen am 13. November zu erblicken sein; Ereignisse, durch welche eine wirksame Betätigung Österreichs in der Koalition ausgeschaltet wurde. Und als nach der Dreikaiserschlacht bei Austerlitz am 2. Dezember auch Englands anderer Hauptverbündete, Rußland, geschlagen worden war, wäre dies im wirtschaftlichen Leben sicherlich in einem weiteren Weichen der Kurse zum Ausdruck gekommen, wenn nicht gleichzeitig die Nachricht von Nelsons Seesieg bei Trafalgar über die vereinigten französischen und spanischen Flotten am 21. Oktober bekannt geworden wäre. Dieser Sieg stellte Englands Gleichgewicht trotz des Verlustes seiner Bundesgenossen wieder her und wirkte auf die Wechselkurse wieder befestigend ein. Sie hoben sich infolgedessen in London auf und über Pari und standen Ende Februar 1807 sogar auf 34 : 10. In Hamburg schnellten sie von 31 : 10 in 10 Tagen bis auf 33 empor (10. Januar 1806) und stiegen bis zum 25. November 1806 sogar bis auf 34.

Mit diesem Tage hörten jedoch die Notierungen in Hamburg auf. Inzwischen war nämlich von Napoleon der Kampf zur wirtschaftlichen Lahmlegung Englands mit aller Schärfe aufgenommen worden. Am 21. November 1806 hatte er von Berlin aus das Dekret erlassen, das England von jeglichem Handel mit dem Kontinent absperren sollte. Das Hamburger Gebiet wurde von französischen Truppen besetzt, wodurch dem Dekret die denkbar größte Wirksamkeit gewährleistet und seine Befolgung an dem für Englands Festlandhandel am meisten in Betracht kommenden Marktplatz kontrolliert wurde. Tatsächlich wagte man in Hamburg infolgedessen nicht mehr, offen in Verbindung mit England zu bleiben. Wechsel wurden, weil sie Namen enthielten und deshalb leicht zum Verräter werden konnten, auf England fast gar nicht mehr gezogen, keinesfalls aber mehr notiert. Die wenigen Wechsel, die unter Beobachtung der größten Heimlichkeit doch noch in Hamburg gehandelt wurden, sollen bis auf einen Kurs von 21 : 2 gesunken sein. Doch fehlen hierüber schriftliche Festlegungen aus jener Zeit.

Für die Periode vom Ende 1806 bis gegen die Mitte von 1814 stehen uns lediglich die Aufzeichnungen von London für den Kurs auf Hamburg zur Verfügung.

Es handelt sich hier um die Zeit, da England alles brauchbare Goldgeld für seine ausländischen Verpflichtungen reservierte und dafür im Inlande zur Papierwährung überging. Dadurch gelang es ihm, den Kurs 1806, 1807 und zur Hälfte noch im Jahre 1808 über Pari zu halten. Diese, fast drei Jahre dauernde Übersendung von Metallgeld hatte aber den Vorrat an solchem jetzt vollständig aufgebraucht. Gold fing an, buchstäblich eine Rarität zu werden und war nicht mehr in ausreichender Menge zum Auslandstransport zu haben. Das Silbergeld des Landes war in einer Verfassung, die jeder Beschreibung spottete. Es hatte durchweg eine Begültigung, die zu seinem Edelmetallgehalt in fast gar keinem Verhältnis stand. So mußte denn England tatenlos zusehen, wie die Wechselkurse sich immer ungünstiger gestalteten. Dazu kam, daß Napoleon nach der Niederwerfung Preußens und seinem Siege über die Russen bei Friedland im Juni 1807 auch Alexander I. gezwungen hatte, sich der Kontinentalsperre gegen England anzuschließen. Daß die Kurse sich noch etwa ein Jahr lang gehalten haben, lag daran, daß England in einer großen nationalen Erhebung gegen Napoleon Spanien erfolgreich unterstützte und den Franzosen vermöge seiner Flottenübermacht eine Anzahl von Kolonien abzwang. So hatte bis zur zweiten Hälfte von 1808 der Kurs einigermaßen gehalten werden können.

Dann aber kam mit der Eröffnung des südamerikanischen

Marktes für England eine an Katastrophen reiche Zeit. Gänzlich unüberlegt hatte die englische Industrie den neuen Markt mit dort durchaus nicht verwendbaren Artikeln überschwemmt. Wie unsinnig und kopflos man in dem Bestreben, die jetzt fühlbarer werdende Absperrung der kontinentalen Plätze mit dem neuen Markt zu vertauschen und dadurch einen Ersatz zu schaffen, vorging, mag die Tatsache erhellen, daß man, wie berichtet wird, sogar eine ganze Schiffsladung Schlittschuhe nach Brasilien schickte, um sie den Indianern anzubieten. Beispiele ähnlichen törichten Vorgehens werden mehrfach erwähnt. Die Folge war, daß mehr als die Hälfte der dorthin exportierten Waren wieder mit zurückgebracht wurden. Die dafür fällig werdenden Wechsel konnten nicht eingelöst werden. Die Fabriken entließen, weil sie in der Hoffnug auf reichen Absatz über alles Maß produziert und nun sämtliche Lager gefüllt hatten, die Hälfte ihrer Arbeiter. Betroffen wurde in der Hauptsache die Baumwollindustrie, in welcher die Not auf das Äußerste stieg. Seitens der einzelnen Länder des Festlandes wurde gleichzeitig — wohl auch infolge französischer Beeinflussung — die frühere beträchtliche Einfuhr von Baumwollwaren aus England zeitweilig verboten. Das Verbot bestand etwa die Hälfte des Jahres 1809 hindurch und sollte den Untergang der englischen Baumwollindustrie besiegeln. Das Vertrauen auf die Kaufmannschaft ließ allgemein nach.

Nicht genug damit, hatte es Napoleon inzwischen bis zum Jahre 1810 verstanden, die ganze Nordseeküste Frankreich einzuverleiben. Von Hamburg bis zum Golf von Biscaya konnte kein englisches Schiff einen festländischen Hafen anlaufen, ohne von französischen Geschützen bombardiert zu werden. Die preußische und russische Ostseeküste war dem englischen Handel ebenfalls verschlossen. Erstere war von französichen Truppen besetzt, Rußland war durch Vertrag gegen England verpflichtet. Die Blockade war wirksam durchgeführt, England isoliert.

Die glänzendste Periode der Napoleonischen Macht fällt mit der Zeit der größten Not Englands zusammen.

Die Kurse sanken bis zum Ende 1808 auf 31 : 3, im Laufe

des folgenden Jahres weiter ohne Pause bis auf 29 : 2 und stürzten 1810 und 1811, mit einer kurzen Unterbrechung im August 1810, während welcher sie sich einen Moment bis zu 30 : 9 und 31 : 6 aufrafften, unaufhaltsam abwärts, um schon am 26. Februar 1811 mit 25 : — einen Tiefstand zu erreichen, wie man ihn bis dahin noch nicht erlebt hatte. Diese Notiz entsprach einer Abweichung von 27 % unter Pari, gewiß etwas Unerhörtes.

Einen nicht geringen Einfluß auf dieses Sinken hatte auch der Beginn des Krieges auf der Pyrenäischen Halbinsel, der große Barsendungen für den Sold und den Unterhalt der verbündeten Heere erforderte. Daneben wurden mit Österreich im Hinblick auf dessen im Frühjahr 1809 erfolgte Kriegserklärung gegen Frankreich von neuem Subsidientraktate gepflogen.

Nicht nur die Frankreich unterworfenen Länder hatten sich dem Berliner Dekret fügen müssen, auch den mit ihm verbündeten Staaten waren Verträge im Sinne der Kontinentalsperre aufgezwungen worden.

Als einzige Abwehrmaßnahme griff England zu einer umfangreichen Organisation des Schmuggelhandels und ließ so den Verkehr mit dem Festland wenigstens nicht ganz ins Stocken geraten. Doch ließen die Reeder, welche unter falscher Flagge Güter von England holten und dorthin brachten, sich die Überführung enorm bezahlen. So wird berichtet, daß bei der Einfuhr von Hanf aus Rußland die an die Schiffer zu entrichtenden Transportkosten dem Einkaufspreis der Ladung gleichkamen.

Ja, man fand sogar nicht einmal ohne Schwierigkeit Mittelspersonen, welche die geschäftliche Korrespondenz Englands mit dem Festlande befördern wollten.

Als es Anfang 1812 zwischen Napoleon und Rußland zum offenen Bruch kam und sich infolgedessen die russischen Ostseehäfen dem englischen Export wieder öffneten, trat eine entscheidende Wendung zur Besserung ein. Als weitere Faktoren hierfür kamen neue Kriegserfolge Wellingtons in Spanien und der Umstand hinzu, daß infolge der Ansammlung des riesigen französischen Heeres an der russischen Grenze die Aufmerksamkeit des zur Erzwingung der Kontinentalsperre eingerichteten französischen Überwachungsdienstes an der Nordseeküste wesentlich nachließ, wodurch die Einfuhr englischer Exportartikel ermöglicht wurde.

Diese Besserung der wirtschaftlichen Lage Englands spiegelt sich deutlich wider im Steigen des Kurses.

Er hob sich von 25 : 6 am 30. August 1811 bis 28 : — am 28. Februar 1812 und weiter nach dem verhängnisvollen Einmarsch Napoleons in Moskau und dem Vertrag von Tauroggen bis auf 30 : — am 26. Februar 1813. Der im Anfang ungünstige Verlauf der nationalen Erhebung Preußens, besonders Napoleons glänzender Sieg bei Dresden am 27. August 1813, rückte die Aussicht auf eine neue Verschärfung der Kontinentalsperre und eine Schädigung des englischen Auslandsverkehrs wieder nahe und drückte den Kurs auf 26 : 6 zurück.

Als aber dann das Kriegsglück Preußen und seinen Verbündeten lächelte, war jede Gefahr für den englischen Handel verschwunden. Die Häfen öffneten sich seinen Schiffen, die aufgestapelten, zinsenfressenden Vorräte konnten untergebracht werden und der Kurs schoß in die Höhe, besonders nachdem die Alliierten den Rhein überschritten hatten. Vom 22. bis 28. Februar 1814 stand er auf 29, am 23. August auf 32 und im September hatte er schon 33 erreicht. Ein kurzer Rückgang, allerdings nur bis auf 32 : 1, ist zu verzeichnen, als Napoleon die Insel Elba verlassen hatte und die ihm nach seiner Landung in Frankreich entgegengesandten Truppen zu ihm übergegangen waren. Als aber am 18. Juni 1815 in der Schlacht von Waterloo sein Schicksal endgültig besiegelt war, schwanden die Schwankungen und der Wechselkurs änderte sich mit 34 : 8 am 28. Februar 1816 und 36 : 9 am 27. August desselben Jahres sehr zugunsten Englands.

In Hamburg waren nach dem Abzug der französischen Besatzung Wechsel auf London zum ersten Male nach fast achtjähriger Pause wieder am 7. Juni 1814 mit 26 : 4 gehandelt worden und hatten schon am 30. Dezember desselben Jahres einen Kursstand von 31 verzeichnet. Die Furcht vor Napoleon nach seiner Rückkehr von Elba war aber naturgemäß hier viel größer als in England, welches eine starke Mauer von Schiffen vor seinem Gebiet aufzubauen vermochte. So ist es nicht sehr verwunderlich, wenn der Rückschlag des Londoner Kurses in Hamburg weit größer ist. Er notiert am 7. April 26, steht aber am 1. Juli schon wieder auf 30 : 10, am 15. September auf 32 und am Ende des Jahres auf 32 : 2, um im Laufe von 1816 nach Überschreiten der Parilinie am 31. Dezember 1816 mit 35 : 2 sich ebenfalls zugunsten Englands zu wenden.

Ein Beweis dafür, daß die kriegerischen Ereignisse auf dem Festlande und der Siegeszug Napoleons Hauptfaktoren für die Beurteilung der wirtschaftlichen Lage Englands dem Ausland gegenüber sind, ist auch darin zu erblicken, daß, nachdem das Glück sich von dem Korsen gewandt hatte, die durch das Steigen der Kurse von Ende 1813 bis Anfang 1817 bewiesene Besserung in den intervalutarischen Beziehungen Englands sich vollzog, obwohl in dieser Zeit 240 englische Banken ihre Zahlungen einstellten.

Auffallenderweise aber wurde das Steigen im Jahre 1817 nicht fortgesetzt. Obwohl nach dem Friedensschluß die Regierung mit aller Energie und dem besten Erfolge, wie wir an anderer Stelle gesehen haben, an die Ordnung und Besserung des staatlichen Geldwesens gegangen war.

Man hätte annehmen müssen, daß jetzt, nachdem die Kriegszeiten und mit ihnen die enormen Geldleistungen auf dem Festlande, die mehrfach genannten Unterstützungen an die Verbündeten aufgehört hatten, England seine kaufmännische Vormachtstellung auch durch eine dauernd zu seinem Vorteil ausfallende und in einer gleichbleibenden, über der Parität liegenden Kurskurve der Wechsel sich äußernden Handelsbilanz dokumentieren würde. Dies war um so mehr zu erwarten, als jetzt, nachdem alle Verkehrshindernisse beseitigt waren, für die Jahre hindurch aufgestapelten Vorräte, die schon — mit großen Opfern — bezahlt waren und jetzt endlich ihrem Bestimmungsorte zugeführt werden konnten, der Gegenwert in Geld hätte zurückfließen sollen. Das geschah aber nicht, obwohl das englische Geldwesen jetzt durchaus geordnet war und obwohl man mit dem 1. Juli 1817 faktisch zur Goldwährung zurückgekehrt war. Die Kurse wichen und bewiesen damit schlagend die Unrichtigkeit der Behauptung aller derer, welche die Ursachen des unglücklichen Kursstandes in der Papierwährung hatten erkennen wollen.

Der Grund für den Rückgang der Wechselkurse lag auf ganz anderem Gebiet.

Eine Reihe kontinentaler Mächte nahm, um für die Reorganisation der wirtschaftlichen Verhältnisse, die durch die Kriegswirren zerrüttet waren, das nötige Kapital sich zu verschaffen, in England Anleihen auf mit einer Verzinsung, wie man sie in solcher Höhe dort noch nicht gekannt hatte. Die Höhe der Anleihen belief sich für Frankreich auf 27,7, für Preußen auf 2,8, für Österreich auf 3,6, für Rußland auf 4,5 Millionen Pfund Sterling, insgesamt auf Lst. 38 600 000.—.

Durch den hohen bewilligten Zinsfuß wirkten diese Finanzoperationen der betreffenden Staaten in den Jahren 1817 und 1818 störend auf das englische Geldwesen ein, da in dem, gegenüber dem in England üblichen, hohen ausländischen Zinsfuß für den englischen Kapitalisten eine große Lockung lag, sein Geld im Auslande unterzubringen. Ohne diese Anleihen wäre die Wiederaufnahme der Barzahlungen durch die Bank von England schon 1818 eingetreten. So aber hatte England kurz vorher seine verschiedenen Staatsanleihen in eine einzige, drei Prozent Zinsen tragende Schuld zusammengelegt. Selbstverständlich gab man diese dreiprozentigen Papiere in großen Mengen ab, um dafür die hoch verzinslichen, fremden Anleihen zu zeichnen, wodurch enorme Summen ins Ausland wanderten.

Besonders machte eine im Herbst 1818 von der Administration des Tilgungsfonds in Petersburg eröffnete sechsprozentige Silberanleihe zum Emissionspreise von 85 % ihren schädlichen Einfluß geltend. Sie hatte zur Folge, daß Hamburg ein bedeutendes Kapital in dieser Anleihe investierte. Auch Holland legte starke Summen darin an. Die erforderlichen Beträge wurden in der Mehrzahl dem Silberbestande der Hamburger Bank entnommen und effektiv nach Rußland geschickt.

Dadurch trat in Hamburg eine fühlbare Geldknappheit ein, die eine Erhöhung des Wechseldiskonts auf 7½ und 8 und dann sogar auf 8½ und 9½ % nötig machte. Die dadurch beabsichtigte und natürlich auch erreichte Einschränkung der Wechseldiskontierungen hatte einen wesentlichen Einfluß auf den Wechselkurs.

Während Hamburg infolge der günstigen Kapitalanlage in Rußland weniger Meinung für englische Wechsel zeigte, weil sich aus diesen weniger großer Nutzen ziehen ließ, nahm andrerseits England gern an der, durch den hohen Diskont zu erwartenden, besseren Verzinsung teil. Hamburger Wechsel waren in London gefragt, Londoner in Hamburg lustlos. Beides schlug zugunsten Hamburgs aus, wie aus der Kurskurve ersichtlich ist.

Noch auf ein anderes erregendes Moment hatte diese zu reagieren. In Frankreich war, unmittelbar nach Aufnahme der Anleihe von 1818, eine bedeutende Krisis eingetreten, die sich den nach dem Friedensschluß durch intensivere Wiederaufnahme der Handelsbeziehungen mit Frankreich jetzt ziemlich stark engagierten nördlichen Nachbarstaaten, wie Holland, Hamburg und England, mitteilte. Die Unternehmer erhielten zur Erfüllung ihrer Verbindlichkeit den nachgesuchten Aufschub. Viele Privatpersonen aber und zahlreiche große Handelshäuser gingen zugrunde.

Die Londoner Notierung wich von 36 : 7 Ende Februar 1817 bis zum 22. August desselben Jahres auf 35, bis 27. Februar 1818 auf 34, erholte sich am 25. August 1818 mit einer Notiz von 34 : 6 ein wenig und ließ dann nach, um am 19. Februar 1819 gar auf 33 : 11 zu sinken.

Noch stärker war der Rückgang des englischen Wechselkurses in Hamburg.

Um ebensoviel, wie er Anfang 1817 über Pari gewesen war, stand er am Ende des Jahres darunter, indem er von 35 : 2 auf 33 : 4 sank. Bis kurz vor der russischen Anleihe hielt er sich auf diesem Stand und ging noch bis auf 33 : 7 herauf. Als diese aber dann eröffnet wurde, fiel er sehr rasch auf 32 : 9 am 30. Oktober, und im November erreichte er mit 31 : 7 sein Minimum für diese Periode.

Während die Londoner Notierungen sich nur ein wenig unter Pari geneigt hatten, war der Rückgang der englischen Kurse in Hamburg schon ein beträchtlicher. Er wäre wahrscheinlich noch größer geworden, wenn nicht große Aufträge Hollands an Hamburg auf Silberbezug erteilt worden wären.

Holland suchte ebenfalls an den Vorteilen der russischen Silberanleihe teilzunehmen, besaß jedoch hierzu nicht die erforderlichen Silbervorräte. In England war nach der Restauration der Goldwährung und der Beschränkung der Silbermünzen auf das Scheidegeld, sowie der Aufhebung der Beschränkungsgesetze das Silber zum Export freigeworden, das hierdurch auf die Besserung der Wechselkurse und Hand in Hand damit auf die Verringerung des Goldabflusses wirkte.

Durch starke Übersendung spanischer Silberstücke aus England, der Pesos oder Piasters, wurde Hamburg in die Lage versetzt, diese Aufträge auszuführen. Gleichzeitig wurde dadurch das Sinken des englischen Wechselkurses zum Stillstand gebracht.

Nach dem Schluß der russischen Anleihe war diese kurze Periode des für England ungünstigen Standes der Wechselkurse, dessen schädigende Wirkungen durch die Silberexporte abgeschwächt wurden, beendet. Für England kehrten jetzt dauernd Kurse zurück, die Gold ins Land führten.

Schon zum Schluß von 1818, am 29. Dezember, notierte Hamburg 32 : 6, um dann, noch bevor die nächste Jahreshälfte herum war, die Parilinie zu kreuzen. Am Ultimo 1819 notierten englische Wechsel dort 35 : 4, am 29. Dezember 1820 37 : 2.

Die Londoner Notiz auf Hamburg hob sich von 33 : 11 am 19. Februar 1819 in steilem Aufstieg bis zum 3. August desselben Jahres um volle 2 fl. Sch. auf 35 : 11, und erreichte in unaufhaltsamem Steigen bis zu dem 27. Februar 1802 die seit fast 24 Jahren nicht mehr gewohnte Höhe von 38 : 2.

Wenn wir rückblickend den Verlauf der Wechselkurskurven gegenüber den beiden für die Goldpunkte in Betracht kommenden Linien ansehen, so erkennen wir leicht, daß während des ganzen Jahres 1800 und 1801 Abflüsse von England müssen stattgefunden haben. Und in der Zeit vom Ende 1808 bis zum August 1814 müssen diese Exporte ganz ungeheuerlich, trotzdem aber noch nicht ausreichend gewesen sein, da sie ein weiteres Sinken des Wechselkurses nicht verhindern konnten.

Nach den dem Parlament vorgelegten offiziellen Nachweisungen waren die Regierungszahlungen, die lediglich für Kriegszwecke ins Ausland wanderten, in dieser Zeit tatsächlich enorm. Sie betrugen für

1809, 1810 und 1811 zusammen über Lst. 32 000 000 : — : —
1813 und 1814 zusammen über Lst. 48 762 340 : — : —

Der dauernd tiefe Stand der Wechselkurse darf aber nicht so ausgelegt werden, als hätte das Festland etwa England jeden Kredit abgesprochen. Man bevorzugte jedoch bei dem, im geheimen betriebenen Handel mit England entschieden das bare Geld, weil man durch Annahme eines Wechsels bei einer Haussuchung durch die Franzosen sich zu verraten fürchtete.

Auf der anderen Seite muß in der zweiten Hälfte von 1797 und über das ganze Jahr 1798 hinweg bis zum Juni 1799 ein beträchtliches Zuströmen von Metallgeld vorhanden gewesen sein. Daß dies tatsächlich der Fall gewesen ist, ist schon bei der Besprechung über die dadurch hervorgerufene Aufhebung der freien Silberprägung im Jahre 1798 gezeigt worden.

Als Ursache für die niedrigen Wechselkurse beliebte man in England selbst die Noten der Bank von England anzugeben. Mit dem Augenblicke, da ihre Bareinlösung aufgehoben, mit dem Moment also, da sie definitiv geworden waren, hielt man sie für wertlos. Weil man nicht mehr jederzeit den ihrem Aufdruck entsprechenden Betrag in Goldgeld erhalten konnte, waren sie nichts weiter, als ein Stück Papier. Und da dem Ausland sehr wohl bekannt war, daß die Noten, die sich sehr eingebürgert hatten, nicht einlösbar waren, sanken — so sagte man — die Wechselkurse. Aber um das Jahr 1760 standen die Wechselkurse ebenfalls ungünstig für England und dabei waren die Noten der Bank von England damals provisorisch. Sie wurden tatsächlich auf Verlangen gegen Goldgeld eingelöst. Es müssen also mindestens damals, also 1760, noch andere Gründe gewesen sein, die den Fall der Wechselkurse bewirkten. An den Noten kann es damals nicht gelegen haben. Wenn es aber schon früher andere Gründe als die Verfassung der Banknoten gewesen sind, warum sollen dieselben Gründe jetzt nicht wiederum ihre Einwirkung geltend gemacht haben.

Andrerseits, als die Bankrestriction verkündet war, da sank in den ersten wenigen Tagen der Wechselkurs zunächst. Als man aber erkannt hatte, daß ein Zusammenbruch der Bank von England ausgeschlossen war, da erholte er sich nicht nur, sondern stieg, wie wir gesehen haben, beträchtlich zugunsten von England und blieb so länger als zwei Jahre. Und zu dieser Zeit waren die Noten schon definitiv[1]).

Auch an der Größe des Notenumlaufs lag es nicht. Denn 1819, 1820 usw. war die Papiergeldzirkulation nicht weniger umfangreich als 1811. Dabei stand der Kurs seit 1819 für England sehr günstig, während er 1811 seinen tiefsten Stand überhaupt erreichte.

Ende Februar 1797 war bei einem Notenumlauf von Lst. 9 675 000 der Hamburger Kurs 36. Obwohl nun bis zum Ende des Jahres die Noten um fast ein Fünftel bis auf Lst. 11 642 400 vermehrt wurden, stieg trotzdem der Kurs bis auf 37 : 10. Trotz einer Vermehrung um etwa eine weitere Million bis sogar zu Lst. 13 096 000, hielt sich der Kurs auf über 37 : 3. Am Anfang Januar 1801 hatte er seinen tiefsten Stand mit 29 : 10 erreicht. Trotz einer Vergrößerung der Notenausgabe von 15½ Millionen Pfund auf Lst. 16 213 000, hob sich der Kurs bis zum Ende Februar auf 31 : 7 und blieb gegenüber einer bedeutenden Einschränkung, bis herab auf Lst. 14 556 000 am 31. August desselben Jahres, vollkommen bewegungslos. Während die Noten bis zum Januar 1803 schrittweise mit Schwankungen nach oben und unten wieder bis auf Lst. 16 108 000 gebracht wurden, bewegte sich der Kurs unaufhaltsam, fast in einer geraden Linie, aufwärts, bis zu 34 : 6, also über Pari. Und obwohl jetzt für kure Zeit eine weitere

[1]) Sinngemäßer Inhalt der Reden von Mr. Vansittart im englischen Unterhause vom 7. Mai 1811 ab.

Vermehrung der Noten nicht vorgenommen wurde, schlug doch, ebenfalls für eine kurze Spanne, die Kurskurve nach unten aus, um dann vom Anfang 1804 ab die Aufwärtsbewegung wieder aufzunehmen, bei einer gleichzeitigen im bisherigen Verhältnis gesteigerten Notenvermehrung bis zu Lst. 17 871 000 und 35 : 8. Jetzt wiederholte sich der plötzliche Ausschlag wie 1803 unter denselben Parallelerscheinungen. Die Notenzirkulation wurde verringert und der Kurs verschlechterte sich gleichwohl bis auf 32 : 9. 1806, 1807 und den größten Teil von 1808 hindurch hielt er sich dann auf und über Pari, während die Noten im August 1806 einen Umlauf von Lst. 21 027 000, ein Jahr später von Lst. 19 678 000 und am ultimo Februar 1808 von Lst. 18 188 860 zeigten. Um die Mitte von 1808 bezifferte sich der Notenumlauf auf gerade doppelt so viel wie im Anfang von 1797. Trotzdem hatten jetzt die Wechselkurse die gleiche Höhe wie damals. Der hohe Notenumlauf vom August 1807 wurde während der beiden nächsten Jahre niemals mehr erreicht. Gleichwohl aber sank der Wechselkurs in schroffem Fall bis auf 29. Eine Vermehrung von Lst. 21 020 000 bis zu Lst. 24 793 000 wurde begleitet von einem Steigen des Kurses von 29 auf 30 : 9. Besonders verblüffend wirkt die Gegenüberstellung für die Zeit vom Juli 1809 bis Oktober 1810. In dieser Zeit erfuhren die Noten die bis dahin stärkste Vermehrung, nämlich von Lst. 18 047 240 auf Lst. 24 823 000 und zu gleicher Frist hob sich dennoch der Wechselkurs von 28 : 6 auf 31 : 6!

Eine, das ganze Jahr 1811 hindurch andauernde Gleichmäßigkeit des Notenumlaufs auf höchstens Lst. 22 000 000, also um 2 000 000 weniger als im August 1810, konnte den Kurssturz gleichwohl nicht aufhalten. Die niedrigste Notiz war 25. Dann hob er sich wieder ziemlich gleichmäßig (mit einer einzigen nennenswerten Unterbrechung 1813) bis über Pari, ja um die Mitte von 1816 sogar so, daß der Goldpunkt für England überschritten wurde. Und das alles unbeirrt durch die fortschreitende Vergrößerung der Papiergeldzirkulation, die am 31. August 1817 gar den Betrag von Lst. 29 543 780, also das Dreifache des Umlaufs von Anfang 1797 erreicht hatte, während der Kurs 35 war.

1818 ging der Notenumlauf von Februarende bis zum Schluß des Monats August um mehr als 1½ Millionen Pfund Sterling zurück, und diesmal hob sich der Kurs von 34 auf 34,6; dann aber ging der Notenbestand bis zum 27. Februar 1819 um eine weitere Million zurück, und der Kurs sank trotzdem auf 33,11, um bis zum Anfang August sich trotz einer, wenn auch nur geringen Notenvermehrung, bis auf 35,11 zu heben. Ein weiteres Steigen von 36 : 4 bis 37 : 6 ist im folgenden Jahre zu verzeichnen, trotz eines Anwachsens der Noten von Lst. 23 484 000 auf Lst. 24 299 000, während der Kurs 1821 bei einer auffallend starken Notenverminderung (von Lst. 23 885 000 auf Lst. 20 295 000!) keine Aufwärtsbewegung zeigte, sondern mit 38 : 2 unverändert blieb.

Der Einwand, daß die Noten der Bank von England die Hauptschuld an der Kursbewegung der Wechsel tragen, ist daher abzulehnen!

Die hier beigegebene, im vorstehenden einzeln besprochene Kurve des Wechselkurses von Hamburg auf London und umgekehrt zeigt eine verblüffende Parallele mit derjenigen der Kursnotizen von London auf Paris, die zum Vergleich ebenfalls gezeichnet ist.

Aus den Parlamentsberichten und den Niederlegungen der einzelnen Ausschüsse geht ferner hervor, daß der Kurs mit Amsterdam seinen Tiefstand zu derselben Zeit erreichte.

Noch einen zweiten Vorwurf erhob man gegen die Banknoten. Dadurch, daß sie der seit Menschengedenken geübten Goldeinlösung seit 1797 entbehrten, besonders aber dadurch, daß sie weit über die bis dahin gekannten Grenzen ihres Umlaufs vermehrt worden waren, so wurde behauptet, sei der Preis des Goldes in der Hauptsache in die Höhe getrieben worden. Wäre dieser Vorwurf richtig, so müßte mit dem schrittweisen Anwachsen der Notenvermehrung auch der Goldpreis allmählich gestiegen sein. Zum mindesten hätte er zur Zeit des höchsten Notenumlaufs nicht wesentlich niedriger stehen können, als in Perioden normaler Zirkulation. Ein einziger Blick in die beigegebenen Tabellen lehrt aber, daß dies nicht zutraf.

Als man von 1797 ab anfing, die Noten zu vermehren und

ihren Belauf bis zum Anfang von 1800 fast verdoppelt hatte, machte dies auf den Goldpreis nicht den geringsten Eindruck. Er hob sich nur im Jahre 1798 bis auf Lst. 3 : 17 : 10½, überschritt also noch nicht den Münzpreis, ja er ging, trotz fortschreitender Notenvermehrung 1799 wieder auf Lst. 3 : 17 : 9 zurück. Dann allerdings stieg er auf Lst. 4 : 4 : —, Lst. 4 : 5 : —, und sogar um die Jahreswende 1800/1801 auf Lst. 4 : 6 : —, bei gleichzeitiger Notenvermehrung, die aber bei weitem nicht im gleichen Verhältnis wie in den Vorjahren vorgenommen wurde, sich vielmehr bis Anfang 1801 auf kaum eine Million bezifferte. Wenn dieser Unterschied im Notenumlauf ein derartiges Steigen des Goldpreises bewirkt hatte, warum ging er dann in der zweiten Hälfte von 1804 und im Jahre 1805 trotz weiterer Vergrößerung der Notenzirkulation um den gleichen, ja noch etwas höheren Betrag auf Lst. 4 : — : — zurück und blieb so?

Leider fehlen, aus Gründen, die schon an anderer Stelle genannt sind, für die folgenden Jahre die ohnehin spärlichen Aufzeichnungen des Goldpreises gänzlich, so daß sich die Gegenüberstellung bedauerlicherweise nicht lückenlos durchführen läßt.

Erst im Februar 1809 erscheint wieder eine Notierung von Lst. 4:10:— bei einer Notenzirkulation von Lst. 18543000:—:—. Anfang 1811 stand einem Notenbestand von Lst. 23360000:—:— ein Goldpreis von Lst. 4 : 13 : 6 gegenüber. Während aber im nächsten Halbjahr ständig die Noten beträchtlich vermindert worden waren, um erst Ende August wieder Lst. 23 286 000 zu erreichen, war der Goldpreis gleichwohl um volle 4 Schillinge auf Lst. 4 : 17 : 6 höher geworden und bei Lst. 23 408 000 : — : — Noten betrug er Ende Februar 1812 nur Lst. 4 : 15 : —, war also ohne Noteneinschränkung wieder zurückgegangen.

Die auffälligste Gegenüberstellung zeigt das Jahr 1814. Am 28. Februar war der Goldpreis Lst. 5 : 8 : — bei einer Papiergeldzirkulation von knapp Lst. 25 000 000. Ende August war der Notenbestand um fast 4 Millionen größer, der Goldpreis aber auf Lst. 4 : 11 : — zurückgegangen. Ende Februar 1815 stand ein Goldpreis von Lst. 4 : 9 : — einem solchen von

Lst. 5 : 8 : — am selben Tage des Vorjahres gegenüber, obwohl der jetzige Notenbelauf um mehr als 2 Millionen den am entsprechenden Termin 1814 übertraf. Am Februarschluß 1816 beliefen sich die Noten auf Lst. 27 013 600, ein Jahr später am gleichen Tage auf Lst. 27 398 000, waren also noch um ein Geringes vermehrt. Dabei stand der Preis des Goldes das erste Mal Lst. 4 : 2 : —, das andere Mal nur Lst. 3 : 18 : 6. Das war noch vor der Wiedereinführung der Goldwährung.

Die Bewegung der beiden Kurven weiter zu verfolgen, ist nicht angängig, da nun, wenn auch nach dem restauratorischen Übergang zur Goldwährung zunächst nur allmählich, dann aber mit Herstellung der Hylodromie für Gold, der Marktpreis für dieses Metall dem Münzpreis identifiziert und ein für allemal gleichbleibend festgelegt wurde.

Um die Haltlosigkeit des Vorwurfs, daß die Notenvermehrung wesentlich zur Erhöhung des Goldpreises beigetragen habe, noch mehr zu verdeutlichen, seien ein paar Gegenüberstellungen nochmals wiederholt.

Der Goldpreis betrug Lst. 4 : — : — schon (allerdings nur in einem Fall) als die Noten noch provisorisch waren und einen Umlauf von Lst. 9 000 000 noch nicht erreichten; Lst. 4 : — : — betrug er ebenfalls (Februar 1805) bei einem Notenbelauf, der gerade doppelt so groß war (Lst. 17 871 000); Lst. 4 : — : 6 betrug er ferner gegenüber Lst. 29 543 800, also gegenüber dem mehr als Dreifachen des ursprünglichen Betrages, im August 1817. Wenn man nach dem Angeführten gleichwohl noch an der Meinung festhalten will, daß der Goldpreis sich durch die Anschwellung der Papiergeldzirkulation hat beeinflussen lassen, so wird man zugeben müssen, daß er dies zum mindesten mit überraschender Inkonsequenz getan hat.

Vielmehr scheint uns der Goldpreis in der Hauptsache den Einwirkungen der intervalutarischen Beziehungen nachgegeben zu haben, wie es ja leicht ist, sich zu überzeugen, daß er im großen und ganzen das Spiegelbild der Kursschwankungen der Wechsel liefert.

III. Abschnitt.

DIE EXAKTORISCHE RESTAURATION DER GOLDWÄHRUNG.

§ 9. NEUPRÄGUNG DES SILBERGELDES AUF GRUND DES MÜNZGESETZES VOM 22. JUNI 1816.

Ein Gutes hatten die Untersuchungen des „bullion Committee“ gezeitigt. Sie hatten der Regierung darüber die Augen geöffnet, wie weit die Verwahrlosung im staatlichen Metallgeld, besonders in den Silbermünzen, vorgeschritten war.

So große Dienste die Bank von England dem Staate auch mit der Einführung der Bankdollars und Tokens erwiesen hatte, ebenso groß waren die Nachteile, die dieses Hilfsgeld mit sich brachte, für das gesamte Geldwesen. Die Schuld dürfte in diesem Falle die Bank tragen; denn sie hatte die Begültigung der von ihr emittierten Stücke mit der proklamatorischen Geltung des vom Staate selbst ausgeprägten Geldes nicht in proportionale Übereinstimmung gebracht. Im Verhältnis zu den Münzen staatlicher Ausgabe war das Bankgeld überbegültigt. Während die Staatsmünzen aus Standardsilber geprägt wurden (d. h. also ein Pfund des dazu benutzten Metalls aus 11 oz. 2 dwts. Feinsilber und 18 dwts. Legierung bestand), war das für das Hilfsgeld gewählte Prägemetall um 2½ d. p. oz. schlechter. Ein Pfund bestand also nur aus 10 oz. 19½ dwts. Silber mit einem Zusatz von 1 oz. ½ dwt. Legierung.

An sich hat zwar die Begültigung des Hilfsgelds mit dessen stofflicher Zusammensetzung nichts zu tun und deshalb wären die Dollars und Tokens gut gewesen, wenn sie allein zirkuliert hätten. Durch den Umstand aber, daß neben dem silbernen Hilfsgeld von 2195/2400 Feinheit gleichzeitig Silbergeld von

2220/2400 Feinheit existierte, erhoben sich Unzuträglichkeiten. Und zwar zum Schaden der staatlichen Emissionen. Wie es von vornherein einleuchtend ist, daß von zwei in der Begültigung gleichen Geldarten diejenige sich länger im Verkehr hält, deren stoffliche Substanz gegenüber der Geltung geringer ist, so wurde durch das nach Gewinn jagende Volk selbst auch im vorliegenden Falle nivelliert. Die Staatsmünzen wurden jedesmal, wenn der Marktpreis für Silber den Münzpreis überstieg, geschwächt, bis sie ebensowenig Feinsilber enthielten, wie die Dollars und Tokens der Bank von England. Oder die letzteren blieben im Geldumlauf, die Staatsmünzen wurden ihm entzogen, um eingeschmolzen und auf dem Markte verkauft zu werden.

Besonders groß wurde diese Verwirrung und Unübersichtlichkeit des staatlichen Münzwesens, als zu der Verschiedenheit des Gehalts und der Mannigfaltigkeit der Benennungen bei bis dahin gleicher Geltung, die Änderung auch dieser noch trat, nachdem die Bank von England die Erhöhung der Begültigung ihrer 5 sh-Dollars mit Rücksicht auf den gestiegenen Silberpreis auf 5 sh 6 d proklamiert hatte.

Sie erzwang allerdings damit den Weiterbestand ihrer Dollars und Tokens, um so eher, als das Gewicht der ersteren um 2 dwts. hinter dem Passiergewicht der crowns, das der Tokens um 5 grains hinter dem Passiergewicht der half-crowns zurückblieb. Das silberne Geld der Bank von England blieb im Verkehr und wurde, da es sowohl an Feinheit, wie an Gewicht und Geltung gegenüber dem Silbergeld staatlicher Prägung absichtlich ungünstiger gestaltet worden war, schließlich im Geldverkehr das einzig existierende staatliche harte Umlaufsmittel.

Eine tabellarische Gegenüberstellung macht den durch die genannten Ursachen den Staatsmünzen erwachsenden Schaden noch deutlicher.

Staatsmünzen:

Feinheit	Gewicht	Benennung	Geltung
2220/2400	19 dwts 8 grains	1 crown	£ :-:5:-
dts	9 „ 16 „	1/2 „	„ -:2:6
dts	5 „ 19.2 „	1 shilling	„ -:1:6
dts		1 sixpence	

Hilfsgeld der Bank von England:

Feinheit	Gewicht	Benennung	Geltung
2195/2400	17 dwts 8 grains	1 Bank-dollar	£ -:5:6
„	9 „ 11 „	1 Bank-Token	„ -:3:-
„	4 „ 17 „	1 „ „	„ -:1:6

Die Folge dieser Unstimmigkeiten war, daß man mit den bestehenden Zuständen unzufrieden wurde. Das Bankgeld war gut erkennbar in seiner Prägung und meist vollwichtig, die Staatsprägungen dagegen nicht mehr zu erkennen und das Geld unterwichtig. Man trat an das Parlament mit Petitionen um Abhilfe heran. Und dieses konnte sich der Notwendigkeit, hier für Besserung zu sorgen, bald nicht mehr verschließen.

Bis zur vollständigen Reorganisation des Metallgeldes sollte jedoch noch ein halbes Dutzend Jahre vergehen.

Um zunächst eine Basis für die Reformen zu schaffen, suchte die Regierung das augenblicklich einzig gute Geld, also das von der Bank von England ausgegebene, in seinem Bestand zu sichern und alle minderwertigen Arten von Hilfsgeld auszuscheiden, wie früher gezeigt worden ist. Nach diesen Vorbereitungen ging man daran, durch eine umfassende staatliche Neuprägung frisches Silbergeld in genügender Menge zu schaffen und als Abschluß der ganzen Verbesserung alsdann die Dollars und Tokens der Bank von England auszuscheiden.

Von diesem Werdegang der Reorganisation des Silbergeldes haben wir hier nur noch die beiden letzten Phasen zu betrachten, nämlich erstens das Münzgesetz vom 22. Juni 1816 und dann die Einziehung des Hilfsgeldes.

Der am 20. November 1815 geschlossene zweite Friede zu Paris und damit die besiegelte Beendigung eines mehr als 22jährigen Krieges versetzte endlich die Regierung in die Lage, ihre Aufmerksamkeit der Behebung der inneren Not und der Beseitigung der heimischen Wirren zuzuwenden. Mag ihre Fürsorge für das Wohl ihrer Bürger sonst auch noch viel zu wünschen übrig gelassen haben, die Durchführung der neuen Geldverfassung, die sie als wichtigstes Erfordernis des Augenblicks sofort vorbereitete, war prompt und vorbildlich.

Nicht mehr beinflußt von irgendwelcher Rücksichtnahme auf das Ausland waren ihre Entschlüsse, kraftvoll und zielbewußt und daher von Erfolg gekrönt ihre Eingriffe in das Geldwesen.

Schon sieben Monate nach dem Friedensschluß kam das neue Münzgesetz [1]), das mehrere Änderungen prinzipieller Art brachte, heraus. Die Frage nach einer gründlichen Besserung des allgemeinen Geldwesens war schon zu Anfang des Jahrhunderts durch die berühmte Schrift Lord Liverpools ins Rollen gebracht worden. Er sah seine Vorschläge jedoch nicht mehr verwirklicht.

Erst sein Sohn, der zweite Lord Liverpool, führte die Verhandlungen im House of Lords, die schließlich zur Neuregelung führten. Die direkte Veranlassung hierzu gab am 28. Mai 1816 eine Botschaft des Prinzregenten, des späteren Georgs IV., der seit 1811 für seinen geisteskranken Vater die Regentschaft führte.

Auf diese Botschaft hin entspann sich dann eine lebhafte Debatte, welche die zu ergreifenden Maßnahmen beriet und die vorbereitenden Schritte für das neue Gesetz tat.

Das Erscheinen des Gesetzes wird in seinem ersten Absatz zunächst begründet mit dem schlechten und haltlosen Zustand des kursierenden Geldes. In Absatz II und III werden alsdann mehrere bis dahin gültig gewesene gesetzliche Bestimmungen aufgehoben, als deren wichtigste [2]) die 1798 erfolgte Einstellung der freien Silberprägung und das Verlassen des bisherigen Münzfußes (aus einem Troypfund Standardsilbers werden 62 Schillinge geprägt) genannt seien. Der letztere wurde durch Absatz V neu geregelt, indem verfügt wurde, daß in Zukunft aus einem Troypfund Standardsilber 66 Schillinge geprägt werden sollten. Der Münzfuß wurde also „verschlechtert“. Diese Verschlechterung wurde in Anpassung an den Marktpreis für Silber gewählt. Während er in den letzten Jahren bedeutend

[1]) Stat. 56. Geo. III. c. 68, siehe Anhang.

[2]) Die übrigen aufgehobenen Gesetze sind aus dem Wortlaut im Anhang ersichtlich.

höher gewesen war, als der frühere Münzpreis, war er zur Zeit des Erscheinens des Gesetzes nur 5 sh. 1 d. p. oz., und der Durchschnitt der Jahre von 1773 bis 1816 wurde mit 5 sh. 4 d. angegeben. Es handelte sich also darum, durch die chartale Begültigung den effektiven Silbergehalt der Münzen entsprechend höher zu bewerten, so daß eine platische vorteilhafte Verwendung der Stücke ausgeschlossen war. Zu diesem Ziele schlug man zunächst eine Ausprägung von 69 Schillingen aus 1 Troypfund vor, begnügte sich aber dann mit der genannten Änderung. Die Feinheit des Silbers wurde beibehalten mit 222/240.

Vorgesehen waren zunächst crowns (= 5 Schillingen), halfcrowns (= 2½ Schillingen), Schillinge und sixpences. Doch dachte man auch daran, Münzen kleinerer Stückelung zu schaffen. Florins wurden jedoch vor 1849 nicht geprägt. Alle diese Münzen wurden einander proportional ausgebracht.

Der nächste Abschnitt (V) des Gesetzes befaßte sich mit der Regelung des Anschlusses der neuen Münze an die bisherige. Er besagte, daß jedermann, welcher alte englische Silbermünzen irgendwelcher Stückelung staatlichen Gepräges an die Münzstätte in London einlieferte, dafür von dieser den gleichen Nominalbetrag in neuem Gelde erhalten sollte. Wer also beispielsweise 37 sh. 6 d. bisheriger Münzen zum Umtausch darbot, hatte dafür 37 sh. 6 d. der neuen Münze zu fordern. Mit anderen Worten:

Der rekurrente Anschluß lautete: „Ein Schilling neu gleich einem Schilling alt!"

Der Anfangstermin für den Umtausch, der natürlich erst festgesetzt werden konnte, nachdem ein Teil der Neuprägung fertiggestellt war, sollte durch besondere Proklamation bekannt gegeben werden. Diese Proklamation erschien am 18. Januar 1817 und bestimmte für den Umtausch der alten Münze gegen die neue Prägung die Zeit vom 3. bis 17. Februar 1817, beide einschließlich. Es wurde jedoch unterm 29. Januar eine zweite notwendig, welche den Anfang des Umtausches um 10 Tage verschob, so daß er nunmehr vom 13. bis 27. Februar vorgenommen wurde.

Die so bei der Münze zusammenströmenden alten Geldstücke sollten dann von Zeit zu Zeit eingeschmolzen und in das neue Geld umgeprägt werden.

Da anzunehmen war, daß große Mengen alter Schilling- und Sixpencestücke unterwichtig einlaufen würden, sorgte der Absatz VI, um dem Andrang des Publikums nach Möglichkeit zu begegnen und das Umtauschgeschäft ohne Stockung bewerkstelligen zu können, für eine Entlastung der Münzstätte.

Zu diesem Zwecke bestimmte man noch vier Umtauschhauptstellen, nämlich 1. die Bank von England, 2. das Südseehaus, 3. die Guildhall und schließlich die Goldsmith's-hall. Neben diesen wurden noch 16 Stellen in den verschiedenen Stadtvierteln errichtet, die gemeinsam mit ihnen den Umtausch vermittelten und die eingegangenen Mengen an die Münzstätte in London zum Einschmelzen und zur Neuprägung weiter gaben. Außerdem vermittelten die meisten Bankiers den Umtausch für ihre Kundschaft.

Schon vor Erscheinen des neuen Geldes ließ es sich die Regierung angelegen sein, das noch zirkulierende Silbergeld staatlicher Prägung aus dem Verkehr zu ziehen. Zu diesem Ende veröffentlichte sie am 21. und 22. September 1816 in den Tageszeitungen Aufforderungen an das Publikum, möglichst bald die Silbermünzen an die Bank von England einzureichen, die dafür ihre Noten oder Tokens geben und jedes angebotene Stück, sei es vollwichtig oder abgenützt, nach seiner chartalen Geltung annehmen würde, sofern es nur noch als englisches Geld erkennbar sei.

Bisher hatte man sich stets gescheut, bei einer Neuprägung sämtliche Kosten auf den Staat zu übernehmen. Jetzt war man zu Opfern bereit und bequemte sich dazu, die bisherigen Prägungen nicht weiter bestehen zu lassen, vielmehr mit ihnen unter Chartalannahme gänzlich aufzuräumen. Gegenüber den früheren Gepflogenheiten der Regierung bedeutete dies für die Erkenntnis der zu einer geordneten Geldverfassung gehörenden Notwendigkeiten einen entschiedenen Fortschritt. Die Kosten der Neuprägung selbst veranschlagte man im Etat auf

Lst. 500 000.—. Und mit diesem Betrage scheint man auch ausgekommen zu sein.

Daß es der Regierung mit der Beseitigung des alten Silbergeldes diesmal wirklich Ernst war, wurde durch den Absatz VII des Münzgesetzes noch besonders deutlich zum Ausdruck gebracht. Dieser erteilte an jedermann nach Ablauf einer durch Proklamation noch näher zu bestimmenden Frist die Ermächtigung, jedes angebotene Stück der alten Münze, das nicht vollwichtig wäre, durch Zerschlagen, Einschneiden oder sonstige gewaltsame Beschädigung zu dechartalisieren und dem Anbieter, der den Schaden tragen sollte, zurückzugeben. Diese angedeutete Proklamation wurde am 1. März 1817 erlassen. Eine andere Proklamation vom 12. Februar 1817 stattete gleichzeitig das inzwischen fertiggestellte neue Geld mit Gültigkeit vom 13. Februar 1817 aus, mit Ausnahme der crown-Stücke, die erst im Oktober 1818 erschienen.

Von dem vollwichtigen alten Silbergelde besagte der Gesetzesabschnitt nur, daß derjenige, dem es angeboten würde, es annehmen solle. Was er damit zu beginnen habe, war zunächst nicht ausgesprochen. Doch wurde auch diese Lücke dadurch ausgefüllt, daß am 1. März 1817 ebenfalls durch Proklamation das bisherige Silbergeld außer Kurs gesetzt wurde. Von diesem Tage an hörte auch die Annahme nach der Geltung bei den Umtauschstellen auf.

Nur an der Münzstätte selbst wurde der Umtausch der

crowns	mit einem Mindestgewicht von	18	dwts.	4	grains
half-crowns	„ „ „ „	9	„	2	„
shillings	„ „ „ „	3	„	15	„
sixpences	„ „ „ „	1	„	19	„

noch drei Monate länger fortgesetzt.

Der nächste Absatz des Gesetzes betrifft nicht das Silber und wird an anderer Stelle besprochen.

Um so interessanter ist dafür hier der Inhalt von Ziffer IX. Wir wollen jedoch gleich voraus bemerken, daß er lediglich eine Täuschung der Öffentlichkeit bezweckte und nicht in die Praxis übernommen wurde.

Wäre dies geschehen, so wäre die genetische Stellung des Silbers geändert worden. Er bestimmte nämlich nichts geringeres als die Wiedereinführung der freien Silberausprägung, die Erhebung des Silbers zum hylischen Metall. Daneben sah er einen Schlagschatz von 4 Schillingen auf 1 Pfund Troy vor.

Diese beiden Bestimmungen sollten in Kraft treten mit Erscheinen einer besonderen Proklamation. Und diese Proklamation ist offenbar nicht erlassen, bisher wenigstens nicht aufgefunden worden. Sie hätte auch in direktem Widerspruch zu dem Hauptzweck der ganzen Geldreform, der, wie wir noch sehen werden, die Rückkehr zur Goldwährung war, gestanden. So blieben diese Bestimmungen lediglich auf dem Papier, ohne Verwirklichung, ihre Folgen rein theoretische. Warum aber fügte man Ziffer IX und X, welch letztere die Heranziehung des Schlagschatzes von 6,06 % zur Deckung der Prägekosten vorsah und einen eventuellen Überschuß dem consolidated fund zuzuführen versprach, überhaupt dem Gesetze ein? Offenbar lediglich deshalb, um der Öffentlichkeit zu zeigen, daß der Staat sich bemühe, auf den Marktpreis des Silbers wenigstens nach einer Seite hin wieder Einfluß zu gewinnen. Denn mit der Festsetzung des Ankaufspreises an der Münze unter unbeschränkter Annahme des Silbers hätte man ja eine untere Preisgrenze für dieses Metall festgelegt gehabt!

Es handelt sich also um nichts weiter, als um eine Irreführung des Publikums, wie sie von der englischen Regierung gelegentlich, z. B. durch versteckte und unauffällige Einführung die Regierung interessierender Paragraphen in harmlose Gesetze, schon öfter inszeniert worden war.

Vom nächsten Abschnitt (Ziffer XI) des Gesetzes gehört hierher nur der Passus, der dem neuen Gelde seine funktionelle Stellung innerhalb des staatlichen Geldsystems anweist. Der übrige Inhalt wird an anderer Stelle besprochen. Gleichzeitig ist er ein Beweis für das soeben über die beiden vorhergehenden Absätze Behauptete. Es wird nämlich klar ausgesprochen, daß der Staat auch in Zukunft dem Silbergeld keine andere Funktion zuerkennen will, als die des Scheidegeldes, die es bisher hatte. Schon deswegen wäre die freie Silberprägung widersinnig gewesen. Für die Mengen geprägten Silbers hätte man, solange es Scheidegeld geblieben wäre, durchaus keine Verwendung gehabt. Um so weniger, als durch den Absatz XII der Betrag, bis zu welchem es Annahmezwang haben sollte, von der bisherigen kritischen Höhe von Lst. 25 auf 40 Schillinge herabgesetzt wurde.

Bis zu Lst. 2 mußte also jedermann Silbergeld in Zahlung nehmen. Die Annahme größerer Summen in Silber konnte er ablehnen. Die frühere gesetzliche Bestimmung, nach welcher überkritische Beträge pensatorische Verwendung finden konnten und mußten, wurde nicht mehr erneuert. Soweit betrifft das Münzgesetz das Silbergeld. Bald nach dem Erscheinen des Gesetzes ging man rüstig an die Vorbereitungen der Neuprägung. Hatte die letzte Prägung, die im Jahre 1774 begonnen wurde, noch nahezu drei Jahre in Anspruch genommen, so war man sicher, für die von 1816 nicht mehr als sieben Monate zu benötigen. Der eigentliche Prägeakt selbst dauerte dank der inzwischen erfolgten technischen Vervollkommnung der Maschinen nur einige Tage.

Gegen Ende des Jahres 1816 berichtet „The Gentleman's Magazine“, daß die Neuprägung mit großer Schnelligkeit fortschreite. Es waren acht Prägemaschinen bei täglich zehnstündiger Arbeitszeit in Tätigkeit. Eine jede von ihnen lieferte in der Minute 60 Münzen, so daß jeden Tag 288 000 Stück fertiggestellt wurden.

Bei Erscheinen der neuen Münzen herrschte wegen der Deutlichkeit ihres Gepräges und der Übereinstimmung der einzelnen Stücke, die in einer derartigen Vollkommenheit bisher noch nicht erreicht worden war, nur eine Stimme des Lobes.

Geprägt wurden im Jahre 1817:

half-crowns . . .	für Lst.	1 125 630 : — : —
shillings	„ „	2 458 566 : — : —
sixpences	„ „	657 162 : — : —
insgesamt für	Lst.	4 241 358 : — : —

(lt. Gentleman-Magazine).

Die half-crowns trugen auf der Vorderseite des Königs Haupt mit der Inschrift „Georgius III. Dei Gratia“, dazu die Jahreszahl; auf der Rückseite die in einem Schild vereinigten Wappenzeichen der vereinigten Königreiche, umgeben vom Hosenbandorden mit der Devise: „Honni soit qui mal y pense“ und die Ordenskette mit der Inschrift: „Britanniarum Rex Fid. Def.“.

Dieses Äußere der half-crowns wurde aber durch Ratsbefehl bald nach ihrem Erscheinen am 26. April 1817 insofern geändert, als die Kette des Hosenbandordens bei den weiteren Ausgaben weggelassen wurde, die man den shillings und sixpences von Anfang an nicht mit aufgeprägt hatte, während sie im übrigen den gleichen Aufdruck zeigten („Annals of the coinage.“).

Die crowns, die nur in so geringen Mengen ausgegeben wurden, daß man zu der Annahme gelangte, sie sollten nicht als Umlaufsmittel, sondern als Schaustücke in Münzsammlungen bestimmt sein, hatten ein anderes Äußere insofern, als sie am Rand in erhabenen Lettern die Inschrift trugen: „Decus et Tutamen A. R. LVIII.“.

Es bestanden also nun nebeneinander als staatliches Silbergeld eine gute Staatsmünze und die ebenfalls guten Dollars und Tokens der Bank von England. Die Gefahr, daß die erstere den letztgenannten wiederum das Feld räumen würde, war jedoch jetzt nahezu beseitigt. Denn einmal war auch bei ihr das Verhältnis von Begültigung zum Gehalt durch die Änderung des Münzfußes ungünstiger geworden und damit dem Verhältnis derselben Faktoren beim Bankgeld genähert worden, dann aber ließ der Marktpreis von Silber mit 5 sh. 1 d. p. oz. im Jahre 1817 einem Einschmelzer der Staatsmünzen keinen Gewinn übrig. So setzte das Hilfsgeld der Bank von England unter jetzt für den Staat günstigeren Umständen seine der Gesamtheit der Bevölkerung nützliche Tätigkeit einstweilen fort.

Die Regierung hatte mit der Neuprägung des Silbers ihr Reformwerk am richtigen Ende begonnen. Alle die schlechten, durch langen Gebrauch abgenutzten und durch betrügerische

Eingriffe abgeschwächten, kaum noch kenntlichen, mit Falsifikaten vermischten Stücke waren ersetzt worden durch eine den Verhältnissen angepaßte silberne Staatsmünze, die, in ausreichender Menge geprägt, imstande war, unter Wahrung der Einheitlichkeit des Silbergeldes (wenn man die Dollars und Tokens entfernt hatte) sich dauernd im Verkehr zu halten.

§ 10. DER SOVEREIGN.

Nachdem den Bedürfnissen des Kleinverkehrs Rechnung getragen war, wandte sich die staatliche Fürsorge der Besserung seines Goldgeldes zu. Die Anfänge hierzu wurden im soeben besprochenen Münzgesetz gemacht. Ziffer XI verkündet die Rückkehr zur Goldwährung. Gold wird vom Inkrafttreten des Gesetzes wieder „das“ Geld des Landes für große Zahlungen.

Es handelt sich um eine prinzipielle Rückkehr zu den Zeiten vor dem, vom Schicksal erzwungenen Eintritt der Papierwährung. Nicht etwa, weil man viel Gold in den Staatskassen gehabt hätte, kehrte man zur Goldwährung zurück, sondern weil man sie als zweckmäßig erkannt hatte. Gold war für den Großverkehr, für den das valutarische Geld bestimmt ist, bequemer, handlicher und damit praktischer, als Silber.

Auch nicht unter dem Druck irgendwelcher äußerer Verhältnisse ging man an diese Änderung, sondern völlig freiwillig. Gewollt war der Übergang zur Goldwährung, wie sich aus den langen Parlamentsverhandlungen erkennen läßt, die dem Erscheinen des Münzgesetzes vorangingen. Im Gegensatz zu dem, der Regierung im Jahre 1806 mangels ausreichender Goldmengen aufgezwungenen obstruktionellen, historisch begründeten Übergang zur Papierwährung war die jetzige Rückkehr zur Goldwährung mit Absicht durchgeführt, also exaktorisch.

Bei dieser Gelegenheit wurde in einer Parlamentssitzung am 7. Juni 1816 von dem Master of the Mint, Mr. Wellesley Pole, die erste Anregung zur Schaffung einer von der bisherigen abweichenden Goldmünze gegeben. Er warf die Frage auf, ob es jetzt nicht angebracht sei, einen bisher stets empfundenen

Übelstand aus der Welt zu schaffen, indem man bei der Rückkehr zur Goldwährung nicht wieder die Guinea benutzte, sondern eine neue Münze anderer Benennung prägen möchte, die man bei ihrer Begültigung in Übereinstimmung mit der Rechnungseinheit, dem Pfund, bringen sollte.

Diesem praktisch gesunden Vorschlage wurde stattgegeben.

Infolgedessen vollzog sich die Rückkehr zur Goldwährung nicht so, wie man es erwartet hatte, daß nämlich der Staat erklärte, von heute ab ist wieder die Guinea valutarisches Geld. Vielmehr erschien am 1. Juli 1817 eine Proklamation, die eine neue Goldmünze in Kurs setzte.

Die Feinheit dieser neuen Münze, der man die Benennung „Sovereign" gab, war dieselbe wie bei der Guinea, also 220/240 Troy.

Die Stückelung war aber — entsprechend dem Vorschlag von Mr. Wellesley Pole — von der des früheren Goldgeldes im Verhältnis von 21 : 20 abweichend. Während Guineen aus einem Troypfund Standardgold 44½ Stück geprägt wurden, schlug man aus der gleichen Menge desselben Münzmetalls jetzt $\frac{21 \cdot 45{,}5}{20}$ Stücke der neuen Münze.

Infolgedessen hieß es über den Sovereign in der Proklamation weiter: „Jedes Stück wiegt 5 dwts. 3 grains 2740/10 000 troy."

Es war also dem neuen Goldgelde proportional genau derselbe spezifische Gehalt an Gold gegeben, wie dem alten innegewohnt hatte. Infolgedessen sind die Grundlagen dieselben geblieben, wie sie bei der früheren Goldwährung vor 1806 bestanden hatten. Der Übergang ist also nichts weiter als eine Rückkehr, ein restauratorischer.

Lediglich die Stückelung, etwas für die Währung ganz Unwesentliches, hatte man geändert. Der Grund hierfür lag in dem Streben nach einer Vereinfachung. Die bis dahin im englischen Münzwesen nur ideell vorhandene Rechnungseinheit, das Pfund Sterling, erhielt dadurch eine Verkörperung, die einen Fortschritt bedeutete. Die Rechnungseinheit fiel jetzt mit einer faktischen Münzeinheit zusammen.

Das dritte unerläßliche, weil wesentliche Merkmal, die Geltung, proklamierte der Erlaß vom 1. Juli 1817 auf 20 Schillinge.

Auch äußerlich wich die neue Münze von der Guinea — neben dem Größenunterschied — im Gepräge ab.

Die Vorderseite des Sovereign trug den Kopf des Königs und die Aufschrift: „Georgius III. D. G. Britanniarum Rex F. D.“, dazu die Jahreszahl der Prägung. Auf der Rückseite erblickte man den heiligen Georg im Kampf mit dem Drachen, daneben den Wahlspruch: „Honni soit qui mal y pense“.

Gleichzeitig wurde durch die Proklamation der Sovereign als Kurantgeld gekennzeichnet. Doch sollte er diese Eigenschaft verlieren, sobald er eine Abnützung von mehr als einem Viertel grain plus der Bruchspitze erlitten hätte, in seinem Gewicht also nicht mehr eine Mindestgrenze von 5 dwts. 2¾ gr. erreichte. Der 1. Juli 1817 ist der Tag der Rückkehr zur Goldwährung.

Leider nahm der Staat — und damit setzte er sich in Gegensatz zu seinem Vorgehen bei der Reorganisation des Silbergeldes — nicht gleichzeitig eine allgemeine Einziehung der bisherigen Goldmünzen, der Guinea und ihrer kleineren Stückelungen, vor.

Sie sollten weiterhin im Umlauf bleiben, sofern sie noch

als	guineen	ein Mindestgewicht von	5	dwts.	8	grains
„	half-guinees	„ „ „	2	„	16	„
„	quarter-guinees	„ „ „	1	„	8	„
„	seven-shilling pieces	„ „	1	„	18	„

hätten, also das früher festgesetzte Passiergewicht.

Wie der Sovereign, so wurden auch die alten Goldmünzen, wenn sie im Gewicht unter das Passiergewicht sanken, dechartalisiert und damit lediglich platisch verwendbar.

Bis zur Mindestgewichtsgrenze blieben sie, was sie immer gewesen waren, Kurantgeld, da eine Höchstgrenze für ihre Annahme nicht gezogen wurde.

Eine zweite Proklamation erschien am 10. Oktober 1817. Sie übergab einen „half-sovereign“ dem Verkehr.

Sein Gewicht betrug — proportional zum sovereign — 2 dwts. 13 6370/10 000 gr. standart Gold. Das Passiergewicht wurde entsprechend auf 2 dwts. 13½ gr. festgesetzt.

Begültigt wurden sie auf 10 sh.

Die Vorderseite zeigte den Kopf des Königs mit der Inschrift: „Georgius III. Dei Gratia“ und die Jahreszahl. Der Revers enthielt die Wappenschilder der vereinigten Königreiche mit den Worten: „Britanniarum Rex. Fid. Def.“.

Das Passiergewicht für diese beiden Geldstücke wurde später durch Proklamation vom 6. Februar 1821 geändert und auf 5 dwts. 2½ gr., beziehungsweise 2 dwts. $13^1/_8$ gr. festgesetzt.

Im Jahre 1817 gelangten

in sovereigns	Lst.	3 224 025 : — : —
in half-sovereigns	„	1 037 395 : — : —
zusammen für	Lst.	4 261 320 : — : —

in der neuen Münze zur Ausgabe.

Der Zeitpunkt für die Rückkehr zur Goldwährung war insofern glücklich gewählt, als man über die zur Prägung nötigen Goldmengen jetzt verfügte. Denn einmal hatte man von Frankreich eine Kriegsentschädigung von 125 000 000 Franken zugebilligt erhalten, dann aber war der Goldpreis im Lande seit Anfang 1816 von Lst. 4 : 2 : — bis zum Februar 1817 auf Lst. 3 : 18 : 6 gesunken. Die Folge war, daß alle diejenigen, welche noch abgenutzte Guineen besaßen, diese jetzt nicht mehr platisch besser als lytrisch verwenden konnten und sie daher schleunigst chartal zu begeben trachteten. Die Menge der bisher versteckten, jetzt auftauchenden alten Goldmünzen war so groß, daß die Bankiers sie nur ungern nahmen, weil die Mehrzahl von ihnen unterwichtig war.

Wie ein Blick auf die Wechselkurskurve lehrt, ging man in dem Augenblick zur Goldwährung wieder über, als der günstige Stand der Kurse Gold ins Land geführt hatte. Die Bank von England selbst verfügte über so reichliche Goldmengen, daß sie die Gelegenheit benutzte, zunächst die Noten von Lst. 1 und 2, welche an dem 1. Januar 1816 von ihr ausgegeben waren, dann aber alle Noten ohne Beschränkung auf irgend eine Stückelung, welche vor dem 1. Januar 1817 dem Verkehr überführt worden waren, gegen Gold einzulösen. Leider ging dann dieses so in die Geldzirkulation eingeschöpfte Goldgeld bald wieder ins Ausland für die kontinentalen Anleihen.

IV. Abschnitt.

DIE WIEDERAUFNAHME DER BAR-ZAHLUNGEN.

§ 11. DIE AUSSCHEIDUNG DES HILFSGELDES.

Silbergeld privater Emission war im englischen Geldumlauf seit Ende 1813 nicht anders als in den Dollars und Tokens der Bank von England vorhanden. Auf sie hatte der Staat sich in der Hauptsache gestützt, als er die Neuprägung des Silbers vornahm. Und sie haben es ihm — neben ihren anderen Verdiensten — auch ermöglicht, daß die Einziehung des alten Staatsgepräges eine so umfassende sein konnte, da sie inzwischen die Stelle der Schillinge und anderen Stückelungen, deren Ersatz durch die neugeprägten Münzen naturgemäß nicht Zug um Zug geschehen konnte, einnahmen und so Lücken im kleinen Geldumlauf nicht erst entstehen ließen.

Als aber jetzt die Währungsfrage zugunsten des Goldes entschieden, eine zweckmäßige neue Goldmünze geschaffen und das Silbergeld in staatlichem Gepräge zur Genüge für die Befriedigung des Bedarfs vorhanden war, da glaubte man, die Münzgeldemissionen der Bank von England entbehren zu können.

Schon vor völliger Beendigung der Neuprägung tat man zu ihrer Ausscheidung die vorbereitenden Schritte.

Am 26. Oktober 1816 erschien in St. James Chronicle ein vom Vorsteher des Tresury, C. Arbuthnot, vom 24. Oktober 1816 unterzeichnetes offenes Zirkularschreiben an die Obereinnehmer der Steuern, welches diese anwies, die bei den Steuererhebern und sonstigen ihnen unterstellten Organen für Steuern einlaufenden Silberstücke, sowie alle zu gleichem Zweck in ihre Hände gelangten „good bank dollar-tokens" nicht wieder zu verausgaben. Die apozentrische Benutzung dieses Bankgeldes hörte also damit auf, während die epizentrische noch nicht gesperrt wurde.

Diese Anweisung an die dem Tresury unterstellten Kassen kam einer stillschweigenden Einziehung der Tokens und Dollars gleich, wobei die öffentlichen Steuerämter sich also in den Dienst der Bank von England stellten, die ja als Emittentin des Hilfsgeldes für dessen Einziehung zunächst hätte sorgen müssen.

Für den 1. Februar 1817 wurde die Ausgabe der Neuprägungen erwartet. Und so war auch in der Zirkularverfügung die Ablieferung des einbehaltenen Bankgeldes für diesen Tag angeordnet.

Ob der Tresury die dann erhaltenen Mengen an die Münzstätte oder an die Emittentin abzuführen gedachte, geht aus der Verfügung leider nicht hervor. Es wäre interessant gewesen, dies noch zu erfahren, da im ersteren Falle die Auffassung der Regierung von der Stellung des Hilfsgeldes zum staatlichen Gepräge eine charakteristische Beleuchtung erfahren hätte.

Aber auch ohne einen derartigen Hinweis präsentiert sich diese Zirkularverfügung als ein wichtiges Dokument. Bestätigt sie doch die Richtigkeit der bisherigen Annahme, daß diese ursprünglich privaten Zahlungsmittel tatsächlich staatliches Geld sind, mit zweifelsfreier Deutlichkeit. Denn die Steuereinnahmestellen sind staatliche Kassen, welche die zu staatlicher Verwendung bestimmten Gelder ansammeln und zu staatlichen Zahlungsleistungen bereitstellen und benutzen. Man erkennt, daß nach Erlaß der Verfügung von einer bisherigen Gepflogenheit abgewichen wird und daß es bisher gebräuchlich gewesen ist, daß der Staat der Verwendung dieser Stücke zu Zahlungen für öffentliche Abgaben keine Hindernisse entgegengestellt und sich ihrer für seine Ausgaben stets wieder bedient hatte.

Der zweite Schritt, den man zu ihrer allmählichen Beseitigung unternahm, war darauf gerichtet, sie dem parazentrischen Verkehr zu entziehen. Zu diesem Ende wurde am 11. Juli 1817 ein Gesetz herausgebracht[1]), das ihren ferneren Umlauf be-

[1]) Stat. 57. Geo III. c. 113, siehe Anhang.

grenzte. Danach sollten sie mit dem 25. März 1818 aufhören, in der parazentrischen Zirkulation Geld zu sein, während die Bank von England noch zwei Jahre länger, also bis zum 25. März 1820, zur Annahme der Stücke nach ihrer chartalen Geltung verpflichtet wurde.

Im Anschluß an dieses Gesetz rief die Bank von England am 17. Juli 1817 durch öffentliche Bekanntmachung ihre Dollars und Tokens ein und erklärte sich bereit, vom 1. August 1817 ab die Einlösung nach Wahl des Einlieferers in Staatsgold oder -silber, oder gegen ihre Noten vorzunehmen.

Als Geld sollten sie mit dem 25. März 1818 aufhören zu kursieren, so bestimmte das Gesetz. Also weder zu Zahlungen noch im Geldwechsel sollten sie länger zugelassen sein, beides für den anepizentrischen Verkehr verstanden.

Während sie so ihrer Chartalität entkleidet wurden, ihrer lytrischen Verwendbarkeit also beraubt waren, wurde ihre Benutzung als Handelsmünze, als Ware noch ausdrücklich freigegeben. Sie verloren ihre chartale Geltung und konnten nur noch nach ihrem tatsächlichen Gehalt an Silber zum Marktpreis für dieses Metall veräußert werden, erhielten also damit selbst einen schwankenden Preis.

Im übrigen erwies sich die für ihre Geldzirkulation ihnen noch verstattete Frist bald als zu kurz bemessen. Sie wurde durch ein Nachtragsgesetz[1]) bis zum 5. Juli 1818 verlängert.

Dieser Tag setzte ihrer lytrischen Zirkulation also endgültig ein Ziel.

Und jetzt, bei ihrer Verabschiedung, entsann sich der Staat der Zeiten der Not, da er diese Surrogate zu Hilfe gerufen hatte. Dankbar erinnerte er sich der Dienste, die sie ihm in seiner Verlegenheit und Schwäche erwiesen hatten und gab diesem Gefühl durch eine besondere Ehrung auch Ausdruck.

Während sie nach dem 5. Juli 1818 im parazentrischen Umlauf demonetisiert waren, blieben sie, wie durch das zuletzt zitierte Gesetz noch besonders verfügt wurde, im epizentrischen Verkehr nach wie vor Geld bis zum 5. April 1819.

---

[1]) Stat. 58. Geo III. c. 14, siehe Anhang.

Zum ersten und einzigen Male begegnen wir hier einer ausdrücklich durch Gesetz festgelegten staatlichen Akzeptation des Bankgeldes, zum einzigen Male damit auch einer gesetzlichen Kennzeichnung desselben als staatliches Geld.

Für sämtliche Steuern, Stempel- und sonstigen Staatsabgaben, so hieß es im Gesetz, sollten sie an allen öffentlichen Zahlstellen angenommen werden. Der Staat erwies damit der Bank einerseits einen Dienst, indem er sie bei der Einziehung unterstützte und so zu einer Beschleunigung derselben mithalf, dann aber auch den Inhabern solcher Stücke, indem er ihnen durch die Annahme an seinen zahlreichen Kassen die Kosten für ihre Übersendung an die Emissionsstelle ersparte.

Mit dem 5. April 1819 hörte dann auch ihre epizentrische Verwendungsmöglichkeit auf und ihre chartale Geltung blieb nur der Emittentin gegenüber aufrecht erhalten, die bis zum 25. März 1820 noch zur Einlösung verbunden blieb.

Es ist anzunehmen, daß mit diesem Termin die Einziehung beendet worden ist. Wenigstens liegen Berichte, daß noch beträchtliche Mengen an Dollars oder Tokens als Handelsmünze im Lande fernerhin benutzt worden wären, nicht vor.

Nach der Einziehung des Bankgeldes hatte die Regierung die beabsichtigte Vereinheitlichung ihres Silbergeldes erreicht. Es gab jetzt im staatlichen Münzgeldumlauf keine Zahlungsmittel privaten Ursprungs mehr, sondern nur noch das staatliche Gepräge.

§ 12. DIE BEENDIGUNG DES REFORMWERKES DURCH DIE WIEDERHERSTELLUNG DER NOTENEINLÖSUNG.

Nach der erfolgreichen Neuregelung des staatlichen metalloplatischen Geldes blieb dem Staate nichts mehr zu tun übrig, als die Einlösbarkeit der Noten der Bank von England, seines einzigen Papiergeldes, wieder herzustellen. Erst, wenn das geschehen war, konnte er sich sagen, daß er die Macht habe, die Strömung des staatlichen Geldwesens in das von ihm gewollte Bett zu leiten, daß er ein geordnetes System wieder eingeführt habe.

Die Aufnahme der Barzahlungen durch die Bank hätte, wie wir gesehen haben, schon früher erfolgen können. Die Bank hatte bald nach der Verfügung der Restriction den hierzu erforderlichen Goldbestand wieder beisammen gehabt und im Vertrauen auf diese bereitgehaltene Golddeckung sich wiederholt zur Einlösung ihrer Noten bereit erklärt. Eine solche, an deren tatsächlicher Durchführung der Staat nicht hätte zu zweifeln gebraucht, lag jedoch bis dahin noch nicht in seinen Wünschen. Er hatte sein Geldwesen von Grund auf bessern und zweckmäßiger gestalten wollen und war daher schrittweise zielbewußt vorgegangen.

Jedesmal, wenn die Verlängerung der Bank-Restriction-Act sich ihrem Ablauf näherte, war die Bank zur Noteneinlösung in Gold bereit, nur einmal, im Jahre 1818, war sie genötigt, eine weitere Prolongation nachzusuchen. Die Gründe lagen in der starken Kapitalsanlage im Auslande, die, wie an anderer Stelle gezeigt ist, durch die großen Anleihen der kontinentalen Mächte hervorgerufen wurden; ferner in zahlreichen Bankzusammenbrüchen, deren Zahl 1818 sich auf 1056 belief. Alle übrigen Ausdehnungen der Bankbeschränkung waren ohne Zutun der Bank selbst erfolgt.

Zunächst hatte der Staat den privaten Kleinverkehr mit einer brauchbaren, aller Voraussicht nach im Umlauf verbleibenden Silbermünze ausgestattet, dann war dem Großhandel eine ausreichende Menge guten Goldgeldes zur Verfügung gestellt worden. Jetzt galt seine Fürsorge der Einreihung des Papiergeldes ins staatliche Geldsystem, wie sie den Bedürfnissen und Wünschen des Volkes entsprach.

Am 5. Mai 1819 erschien die sogenannte „Peel's Currency Bill", durch welche die endgültige Wiederaufnahme der Barzahlungen festgelegt wurde. Interessant ist hierbei, daß die Bank von England während der Vorbesprechungen zu diesem Gesetz, wohl weil sie des ewigen Hinausschiebens müde war, sich erbot, sofort jede ihrer Noten gegen Gold zum Marktpreise einzulösen, während die Regierung den früheren Münzpreis für Gold als Einlösungsäquivalent wieder zugrunde legen wollte.

Es ist der Regierung hoch anzurechnen, daß sie auf den Vorschlag der Bank nicht einging.

Die ganze Anlage des Gesetzes läßt jedoch noch immer das Bestreben der Regierung erkennen, den Übergang zur Barzahlung allmählich vorzunehmen, um der Bank einen Ansturm zu ersparen. So wurde durch Absatz I die am 5. Juli 1819 ablaufende Verlängerung der Restriction letztmalig bis zum 1. Februar 1820 weiter fortgeführt.

Von diesem Tage an sollte dann die Einlösung der Noten in Etappen beginnen, deren erste bis zum 1. Oktober 1820 festgesetzt wurde. Die zur Einlösung eingereichten Noten wurden jedoch noch nicht mit dem staatlichen Goldgelde bezahlt, sondern mit Goldbarren von Standardfeinheit. Bei der Abgabe dieser Goldbarren wurde ein Preis von Lst. 4 : 1 : — p. oz. zugrunde gelegt. Weniger als 60 oz. in Barren brauchten nicht abgegeben zu werden. Dadurch wurde verhindert, daß alle privaten Inhaber von Noten kleinerer Beträge die Bank mit Goldforderungen überlaufen konnten. Denn die für die Mindestgoldabgabe der Bank zum genannten Preise erforderliche Noteneinreichung bezifferte sich auf Lst. 243 : — : —. Wer diesen Betrag in Noten der Bank auf einmal nicht anbieten konnte, durfte auf Einlösung in Gold nicht rechnen.

Mit dem 1. Oktober 1820 begann die zweite Phase der Einlösungen, die bis zum 21. Mai 1821 reichte. Sie unterschied sich von der ersten dadurch, daß der der Goldabgabe zugrunde gelegte Preis von Lst. 4 : 1 : — auf Lst. 3 : 19 : 6 ermäßigt, dem Münzpreis also näher gebracht wurde. Die Mindestmenge der einzureichenden Noten betrug demnach Lst. 238 : 1 : —.

Für diesen Betrag in Noten war also die Bank verpflichtet, 60 Unzen Standardgold in Barrenform zu verabfolgen.

Die völlige Anlehnung an den Münzpreis war dann in der dritten Periode vorgesehen, indem dieser als Basis für die Goldabgabe in der Zeit vom 1. Mai 1821 bis 1. Mai 1823 fixiert wurde. Die Bank mußte für Lst. 233 : 12 : 6 ihrer Noten 60 Unzen Standardgold in Barren darbieten.

Nach dem 1. Mai 1823 sollte diese pensatorische Einlösung

durch die Stückzahlung abgelöst werden, d. h. sie erfolgte ohne Rücksicht auf einen Goldpreis in dem Goldgeld des Landes.

Der 1. Mai 1823 war also der gesetzliche Termin für die Wiederaufnahme der Barzahlungen!

Bis dahin konnte die Bank zu einer anderen als der gesetzlich festgelgten Form der Noteneinlösung nicht gezwungen werden. Ihr selbst gestattete jedoch § 6 des Gesetzes ein freiwilliges Abweichen hiervon, indem er sie berechtigte, die Übergänge von einer zur anderen Etappe an den Grenzdaten nicht plötzlich, sondern unter allmählicher — in ihr Belieben gestellter — Ermäßigung des als Basis angegebenen Goldpreises vorzunehmen und, falls es ihr gelegen sein sollte, die eigentliche Barzahlung anstatt am 1. Mai 1823, von welchem Tage an sie sie also eintreten lassen mußte, schon ein Jahr früher, also am 21. Mai 1822, vorzunehmen.

Die Einfügung dieses Passus bekundet, daß der Staat die Bank von England schon als zu den staatlichen Institutionen gehörig oder mit ihnen doch so eng verbunden betrachtete, daß er von ihr eine den eigenen Vorteilen eventuell zuwiderlaufende Wahrnehmung staatlicher Interessen voraussetzen zu dürfen meinte.

Denn es ist ohne weiteres klar, daß die Einlösung ihrer Noten für die Bank um so vorteilhafter war, je höher der dem Umtausch zugrunde gelegte Goldpreis angegeben war. Mit jeder Ermäßigung des letzteren wurde der Betrag der ihr für eine Unze Gold erreichbaren Noten geringer und weniger vorteilhaft für sie.

Und in der Tat suchten die Direktoren der Bank nach Möglichkeit noch einen Gewinn beim Umtauschgeschäft herauszuschlagen, indem sie eine Abänderung des Gesetzes dahin zu erreichen suchten, daß sie ermächtigt würden, ihre Noten gegen Gold zum Marktpreise einzulösen, wodurch der Umtausch sich für sie offenbar verbilligt hätte.

Absichtlich hatte das Gesetz die stufenweise Ermäßigung der Einlösungsgrundlage dekretiert. Absichtlich war der Anfang mit einer Basis von Lst. 4 : 1 : — hoch gegriffen worden.

Man wollte durchaus den Marktpreis des Goldes beherrschen, die Goldhändler wieder an den Staat gewöhnen. Und dann wollte man in allmählichem Übergang den Marktpreis mit dem Münzpreis wieder fest verknüpfen. Die Grundlage, auf welche die Noteneinlösungsetappen sich stützen sollten, war höher als der Marktpreis, der seit Anfang März 1820 gleichmäßig auf Lst. 3 : 17 : 10½ stehen geblieben war. Die Bank hatte also tatsächlich Opfer zu bringen.

Als die Direktoren jedoch mit ihren Bemühungen nicht durchdrangen, gaben sie ihren Widerstand sehr bald auf und stellten sich jetzt tatsächlich in den Dienst der Allgemeinheit, indem sie über das von ihnen Geforderte noch hinausgingen und die Aufnahme der Barzahlungen beschleunigten.

Nachdem sie eine dahingehende Abänderung des Absatzes VI der Peel's Bill beantragt und erreicht hatten, nahmen sie die uneingeschränkte Einlösung ihrer Noten in Goldgeld schon mit dem 1. Mai 1821 wieder auf.

Damit hatte die Bankrestriction, deren Dauer gesetzlich bis zum 1. Mai 1823 bestehen sollte, schon jetzt ihr faktisches Ende erreicht.

Die schon früher erfolgten gelegentlichen Bareinlösungen der Noten durch die Bank kommen für die Wiederaufnahme der Barzahlungen insofern nicht in Frage, als es sich dabei immer nur um Einziehung gewisser Notenemissionen, die Fälschungen besonders ausgesetzt waren, gehandelt hatte.

Schluss.

ZUSAMMENFASSENDER RÜCKBLICK ÜBER DIE DROMISCHE VERWALTUNGSTÄTIGKEIT DES STAATES SEIT 1797.

Die bei der Neuprägung von 1774 beabsichtigte Herstellung der Hylodromie für Gold war theoretisch wohl vorhanden, insofern, als die Münzstätte für eine Unze Gold einen festen Preis von Lst. 3 : 17 : 10½ zahlte und dadurch verhinderte, daß der Marktpreis für dieses Metall tiefer als der Münzpreis sinken konnte. Auch war, wer eine apozentrische Zahlung in Empfang zu nehmen hatte, berechtigt, Gold zu verlangen. Solange die Goldwährung bestand, also bis 1806 spätestens, konnte er auch darauf rechnen. Und schließlich war bis gegen dieses Jahr hin jemand, der eine Forderung an den Staat hatte und darauf bestand, Gold zu erhalten, auch nahezu noch sicher, mit 44½ Guineen ein volles Troypfund Standardgold (abzüglich der durch Abnutzung entstandenen Gewichtsdifferenz) zu empfangen; theoretisch, wie gesagt.

Gelungen war die Durchführung der Hylodromie für Gold in der Praxis gleichwohl nicht.

Faktisch aber bestand 1797 nur Hylolepsie für Gold und Silber. Beide Metalle waren unbeschränkt an der Münzstätte in Geld verwandelbar, das aus beiden Metallen geprägte Geld hatte Barverfassung.

Aber weder für Gold noch für Silber war Hylophantismus vorhanden. Denn durch Gesetz war, wie wir wissen, das Einschmelzen von Geld, also der buchstäbliche „Hylophantismus" direkt verboten.

Die Folge war, daß der Marktpreis beider Metalle nach oben hin vom Staate nicht beherrscht wurde. Die dromische Tätigkeit des Staates war nicht ausreichend. Und da eine vollkommen ausgebildete Theorie nicht vorhanden war, konnte er den eigentlichen Grund für die Differenzen zwischen Marktpreisen und Münzpreisen der beiden Metalle nicht erkennen. Er mühte sich zwar, einzudringen in eine solche Erkenntnis, ging aber, wie wir hoffen, gezeigt zu haben, stets falsche Wege.

Von Verständnis für die Erfordernisse einer dromischen Verwaltung zeigte die Aufhebung der freien Silberprägung 1798. Auf dem Markte war Silber sehr billig zu haben. Der Preis war am 25. August 1797 zum letzten Male mit 5 sh. 2 d. dem Münzpreis gleich gewesen und hatte von da ab bis März 1798 nur 5 Schillinge halfpenny gestanden, ja er war sogar bis auf 5 sh. heruntergegangen.

Die Folge war ein Massenangebot von Silber an der Münzstätte, die ja 5 sh. 2 d. p. oz. bezahlte.

Was aber sollte der Staat mit diesen Silbermengen beginnen? Prägte er sie aus, so lief er Gefahr, seine Kassen bald mit Silbergeld vollgepfropft zu sehen und im obstruktionellen Übergang zur Silberwährung dieses bei seinen apozentrischen Zahlungen aufdrängen zu müssen, wozu er hätte um so leichter gelangen können, da ja die für die Annahme des Scheidegeldes in Silber gezogene kritische Grenze sehr hoch war (jedermann war ja verpflichtet, Silberzahlungen bis zu Lst. 25 anzunehmen!).

Noch von einer anderen Erwägung ließ er sich leiten. Durch das Sinken des Silberpreises verschob sich das tatsächliche Wertverhältnis der beiden Edelmetalle gegenüber der Relation, die den aus ihnen geprägten Münzen durch den Prägeakt beigegeben war. Ein Einschmelzen des Goldgeldes wäre die Folge gewesen. Es lief Gefahr zu verschwinden, wodurch die Aufhebung der Goldwährung beschleunigt worden wäre.

Gewiß hätte der Staat durch massenhafte Hereinnahme des Silbers an seiner Münze gegen Gold den Marktpreis für ersteres im Lande selbst wieder befestigen können, aber das dafür hingegebene Gold wäre zu immer weiteren Silberankäufen im Ausland benutzt worden und hätte so einen obstruktionellen Übergang zur Silberwährung herbeigeführt.

Das lag aber nicht im Willen des Staates. Eine Silberwährung wollte er, nachdem er einmal zur Goldwährung übergegangen war, nicht wieder einführen. Er wählte daher den Weg der Demonetisierung des Silbers zugunsten des Goldes, das nunmehr allein hylisches Metall blieb.

Mochte jetzt der Silberpreis weiter und weiter fallen, das Metall konnte jetzt, da es nicht mehr in Geldform das Goldgeld zu erdrücken vermochte, der Währung nicht mehr gefährlich werden. Erst von diesem Augenblick an war die Goldwährung recht eigentlich klar, das Verhältnis des Scheidegeldes Silber zum valutarischen Goldgeld ein natürliches.

Auf der hierdurch geschaffenen Grundlage wurde dann im Jahre 1816 das neue Münzgesetz aufgebaut.

Im ersten Jahrzehnt des 19. Jahrhunderts war die dromische Verwaltung gleich Null. Sie erstreckte sich lediglich darauf, für die ausländischen Verpflichtungen das notwendigste Gold bereit zu stellen. Das heimische Geldwesen wurde sich selbst überlassen. Die Regierung war in dieser Zeit so schwach ihm gegenüber, daß sie es nicht einmal wagte, den 1806 ihm von der Not aufgezwungenen Übergang zur Papierwährung laut werden zu lassen. Hinter dem Rücken des Volkes, durch Verfügungen an die Verwaltungsorgane, vollzog sich die Tatsache des Währungswechsels. Erst 1811 besinnt sie sich durch Erlaß der „Lord Stanhope's Bill“ wieder auf ihre Verpflichtung zur Aufrechterhaltung der Ordnung in ihrem Geldwesen. Der Anlaß war die erschreckend große Steigerung des Goldagios, das uns ganz verständlich ist, das schon vor 1806 vorhanden war und jetzt, da Goldgeld akzessorisch geworden war, natürlich durchaus nicht angestaunt zu werden braucht. Aber in dem Bestreben, es zu beseitigen, ergriff man auch jetzt nicht die geeigneten Maßnahmen, sondern glaubte, durch ein Gesetz, das verbot, einen durch ein Agio sich äußernden Unterschied bei der Bezahlung mit dem akzessorischen Goldgeld oder mit dem valutarischen Papiergeld zu machen, das Übel aus der Welt zu schaffen. Natürlich hatte man nicht den gewünschten dauernden Erfolg.

Von dem Augenblicke an, da der Marktpreis des Goldes den Münzpreis zum ersten Male überstieg, war das bar ausgebrachte Goldgeld bei seiner, dem Münzpreis entsprechenden Begültigung, unterbewertet. Der Staat hätte, als er sah, daß der Marktpreis dauernd den Betrag, welchen die Münzstätte zahlte, übertraf, den Bestand seiner Goldmünzen nur dadurch sichern können, daß er — und dabei konnte er ruhig an der Barverfassung festhalten — den Münzpreis so erhöhte, daß er dem Marktpreis durchschnittlich wieder gleich war und daß er gleichzeitig die Begültigung der Guinea der Verteuerung entsprechend heraufsetzte. Allerdings wäre die wahrscheinliche Folge eine allgemeine Verteuerung aller Lebensbedingungen gewesen, aber das Goldgeld hätte sich gehalten; wenigstens solange, als die nunmehrige Begültigung dem Weltmarktpreis des im Geld steckenden Goldes entsprochen hätte. Zwar wäre dann nicht mehr der Staat der Herrscher über den Markt gewesen, aber der ihm ohne eine derartige Änderung erwachsene Nachteil wäre vermieden worden.

Die Bank von England hatte dieses Verfahren bei ihren Dollars mit Erfolg angewendet, allerdings mit bedeutenden Geldopfern. Der Staat konnte sich dazu nicht entschließen; denn Opfer hätte er bei einer späteren Niederbegültigung bringen müssen, wenn er seinen Bürgern nicht hätte Unrecht tun wollen. Aber diese Opfer hätte er auch übernehmen sollen, wenn er dadurch ein ganzes Volk und seinen gesamten Handelsverkehr hätte vor schweren Schädigungen bewahren können. Und das wäre zweifellos der Fall gewesen.

Indirekt aber kam man durch alle erfahrenen Enttäuschungen hindurch endlich doch zu dem erstrebten Ziel, indem man erkannt hatte, wie man es *nicht* machen durfte. Die Maßnahmen, die den gewünschten Zweck nicht erfüllt hatten, ließ man fallen! Und damit hatte man sofort das Richtige getroffen.

„Da die jetzt in Kraft befindlichen Gesetze gegen das Einschmelzen und den Export der Gold- und Silbermünzen des Königreichs sich als unwirksam erwiesen haben und da die Erfahrung gelehrt hat, daß praktischerweise der Handel mit Münzgold und Münzsilber nicht eingeschränkt werden soll, so wird hiermit verordnet, daß es vom Inkrafttreten dieses Gesetzes ab jedermann erlaubt sein soll, die Gold- und Silbermünzen aus dem Königreich auszuführen, sowie sie einzuschmelzen und das daraus gewonnene Metall zu verarbeiten, zu exportieren oder zu handeln."

Das war der Wortlaut des Absatzes X des Gesetzes vom 2. Juli 1819, mit welchem die Wiederaufnahme der Barzahlungen durch die Bank verfügt wurde.

Die Beschränkungsgesetze waren damit beseitigt. Dadurch war der Hylophantismus gewährleistet. Das Angebot des Marktes an hylischem Metall mußte sich nach dem Angebot des Staates in seinem valutarischen Gelde richten, konnte also keinen höheren Preis erzielen, als das des Staates. Die Herrschaft des Staates über den Markt im Innern war gesichert; denn nun, da jedermann nach seinem Ermessen mit dem zu festem Preise erhältlichen im Goldgelde steckenden Gold (das ja allein hylisch war) verfahren konnte, hatte er kein Interesse mehr daran, den Markt zum Kauf aufzusuchen. Andrerseits aber dachte niemand daran, das Gold an jemand zu billigerem Preise abzugeben, als der Staat durch die Münzstätte zu zahlen bereit war. Die Hylodromie für Gold war also jetzt endlich vollkommen.

Der Goldpreis war auf den Münzpreis festgenagelt. Und tatsächlich fiel der Marktpreis, der noch bei Erscheinen des Gesetzes Lst. 3 : 18 : — gewesen war, sofort auf Lst. 3 : 17 : 10½, um dauernd so zu bleiben.

Die jetzt noch denkbaren Schwankungen konnten sich nur innerhalb der durch die Abnutzung entstandenen Differenz zwischen Vollgewicht und tatsächlichem Gewicht bewegen, und dieser Differenz waren durch die Festsetzung eines Passiergewichts bereits die engsten Grenzen gezogen und damit dem für einen Staat möglichen Eingreifen in weitestem Maße genügt worden.

So war die 1816 begonnene Geldreform im Jahre 1821 mit vollem Erfolge beendet. Das staatliche Geldwesen war in ein zweckmäßiges System gebracht worden, und zwar war

Goldgeld valutarisch mit Barverfassung und (selbstverständlich) Kurantgeld;

Silbergeld war ebenso wie Kupfergeld notal und hatte die Stellung von Scheidegeld, ersteres mit dem kritischen Betrage von Lst. 2, dieses von 1 sh. und für die kleineren Stückelungen von 6 d.

Über die kritische Höhe hinaus waren beide Arten Handelsmünze.

Das gesamte Münzgeld war in den Grenzen seiner funktionellen Stellung definitiv und obligatorisch.

Das Papiergeld, das aus den Noten der Bank von England bestand, war einlösbar gegen das valutarische Geld, also provisorisch. Es war fakultativ und nicht ohne Grenzen vermehrbar.

Anzeichen für das Vorhandensein von überlegter exodromischer Tätigkeit finden sich fast gar nicht. So hätte der Staat vielleicht nicht allzu unklug gehandelt, durch Aufnahme einer gutverzinslichen Goldanleihe in den Jahren 1810 oder 1811 den Fall der Wechselkurse aufzuhalten.

Bewußt hat er dagegen die Lage des englischen Geldes auf dem Weltmarkt durch wiederholte Investierung englischen Kapitals im Auslande bei Gelegenheit der Gewährung von Anleihen an die verschiedenen Staaten zu stabilisieren gesucht. Eine Devisenpolitik hat er nicht getrieben. Und sein Goldgeld hat er für den Inlandsverkehr reserviert, bis er es 1819 durch die Aufhebung der Beschränkungsgesetze endlich für eine exodromische Verwaltung geeignet machte.

ANHANG I.

TABELLEN.

QUELLEN-ANGABE.

Entnommen sind die in den folgenden Tabellen enthaltenen Ziffern, welche bezeichnet sind mit:

+: Parliamentary Accounts, enthalten in Cobbett: Parliamentary Debates.

b: Lord King: Thoughts on the restriction of payments in specie London. 1803.

c: David Ricardo: The high price of bullion a proof of the depreciation of bank notes. IV. Ed. London. 1811.

a: John Francis: History of the Bank of England, its times and traditions. 1848.

o: Walter Boyd: A letter to the Right Honourable William Pitt. 1801.

d: H. Geffcken: Zur Bankfrage. Hamburg. 1856.

Die ohne besondere Bezeichnung eingesetzten Zahlen stammen aus Th. Tooke and W. Newmarch: Geschichte und Bestimmung der Preise während der Jahre 1793 bis 1857. Deutsch von Dr. C. W. Asher. Dresden. 1862.

Jahr		Banknoten-Umlauf in Pfund Sterling in Stücken von Lst. 5 und mehr	unter Lst. 5	zusammen	Londoner Marktpreis für Münzgold p. oz. Lst.	sh.	d.	Münzsilber p. oz. Lst.	sh.	d.	Wechselkurse in London auf Hamburg Flämische Schill.	Pf.	Hamburg auf London Flämische Schill.	Pf.	Bankogeld		London auf Paris fr.	c.
1797																		
Januar	6							b	5	4	b35	6						
Februar	3							b	5	4	b35	2						
	24				3	17	6		5	5	36							
	28			a 9675000														
März	10										b35	8						
April	7							b	5	6	b36	8						
Mai	9			b11103880				b	5	6	b36	2						
Juni	9							b	5	$1^{1}/_{2}$	b36	4						
Juli	7							b	5	$1^{1}/_{2}$	b36	9						
August	4			b10828880				b	5	$1^{1}/_{2}$	b36	7						
	25				3	17	6		5	2	37	7						
	31			11114000														
September	5							b	5	1	b37	10						
Oktober	6							b	5	$0^{1}/_{2}$	b37	8						
November	7			b11642400				b	5	$0^{1}/_{2}$	b37	10						
Dezember	5										b38	3						

Jahr		Banknoten-Umlauf in Pfund Sterling			Londoner Marktpreis für						Wechselkurse in							
		in Stücken von			Münzgold p. oz.			Münzsilber p. oz.			London auf Hamburg		Hamburg auf London				London auf Paris	
											Flämische				Bankogeld			
		Lst. 5 und mehr	unter Lst. 5	zusammen	Lst.	sh.	d.	Lst.	sh.	d.	Schill.	Pf.	Schill.	Pf.			fr.	c.
1798																		
Januar	2							c	5				36	8	13	12		
	9							b	5	0½	b37	11						
Februar	9			b 13043480				b	5		b37	8						
	23				3	17	10½				38							
	28			a 13096000														
März	9							b	5	1½	b37	7						
April	10							b	5	1½	b37	8						
Mai	8			b 13224440				b	5	1½	b37	3						
Juni	8							b	5	1	b37	6						
Juli	10							b	5	1	b37	10						
August	7			b 12115640				b	5	1	b37	6						
	24				3	17	10½		5	1	37	3						
	31			12180000														
September	7							b	5	1	b37	6						
Oktober	9							b	5	0½	b37	10						
November	6							b	5	0½	b37	10						
	9												36	7	13	11½		

Jahr		Banknoten-Umlauf in Pfund Sterling: in Stücken von Lst. 5 und mehr	unter Lst. 5	zusammen	Londoner Marktpreis für Münzgold p. oz. Lst.	sh.	d.	Münzsilber p. oz. Lst.	sh.	d.	Wechselkurse in London auf Hamburg, Flämische Schill.	Pf.	Hamburg auf London, Flämische Schill.	Pf.	Bankogeld		London auf Paris fr.	c.
1798																		
Dezember	4												35	10	13	7		
	11							b	5	0½	b 37	3						
	28										[1]		35	10	13	7		
1799																		
Januar	8							b	5	2½	b 37	8						
	18												35		13	2		
Februar	8			b 13212460				b	5	3	b 37	8						
	22				3	17	9				37	7						
	28	11494150	1465650	a 12959800														
März	8							b	5	3	b 37	5						
	25	11585210			3	17	9				37	5						
April	5							b	5	3	b 37	4						
Mai	10			b 13720260				b	5	3½	b 35	6						
Juni	11							b	5	5	b 35	6						
	18												d 35		13	2		
	25	12118690			3	17	9				36							
Juli	5										b 35	10						

[1]) Höchste Notiz: Januar c 38:2. Niedrigste Notiz: Dezember c 37:4 [?]. [Bemerkung: Bei den im folgenden angezogenen Angaben der Quelle c finden sich mehrfache Abweichungen von den übrigen Quellen.]

Jahr	Banknoten-Umlauf in Pfund Sterling			Londoner Marktpreis für						Wechselkurse in							
	in Stücken von			Münzgold p. oz.			Münzsilber p. oz.			London auf Hamburg		Hamburg auf London				London auf Paris	
										Flämische				Bankogeld			
	Lst. 5 und mehr	unter Lst. 5	zusammen	Lst.	sh.	d.	Lst.	sh.	d.	Schill.	Pf.	Schill.	Pf.			fr.	c.
1799																	
August 9			b 13759940							b 34	6						
23				3	17	9				34							
31			13389000														
September 3												32		12			
10							b	5	8	b 32	9						
25	12155360									32	9						
Oktober 8							b	5	8	b 32							
November 12			b 14006960				b	5	8	b 32	6						
Dezember 3							b	5	8	b 32							
25	12335920									32	6						
31												30		11	4		
										[1]							
1800																	
Januar 7							b	5	6 1/2	b 32							
Februar 11			b 15120060				b	5	8	b 30	6						
18										31	4						
28			a 16844000														
März 11							b	5	9 1/2	b 31							

[1] Höchste Notiz: Januar c 37:7. Niedrigste Notiz: Oktober c 31:6.

Jahr		Banknoten-Umlauf in Pfund Sterling, in Stücken von Lst. 5 und mehr	unter Lst. 5	zusammen	Londoner Marktpreis für Münzgold p. oz. Lst.	sh.	d.	Münzsilber p. oz. Lst.	sh.	d.	Wechselkurse in London auf Hamburg Flämische Schill.	Pf.	Hamburg auf London Flämische Schill.	Pf.	Bankogeld		London auf Paris fr.	c.
1800																		
April	10							b	5	9½	b 31	6						
Mai	13			b 15213520				b	5	9½	b 32	3						
	19												31	10	11	15		
Juni	6							b	5	9½	b 31	10						
Juli	11							b	5	9½	b 32	3						
August	12			b 15230410				b	5	9	b 32	1						
	22				4	5					32	4						
	31			15047000														
September	9							b	5	9	b 32							
Oktober	10							b	5	9	b 32	1						
November	11				b 4	5												
	14			b 15450970				b	5	9	b 31	10						
Dezember	9							b	5	9	b 30	10						
	30																	
	31				b 4	6					30 [1]	8						

[1]) Höchste Notiz: Mai c 32:5. Niedrigste Notiz: Februar c 31: — [?].

Jahr	Banknoten-Umlauf in Pfund Sterling			Londoner Marktpreis für						Wechselkurse in							
	in Stücken von			Münzgold p. oz.			Münzsilber p. oz.			London auf Hamburg		Hamburg auf London				London auf Paris	
										Flämische				Bankogeld			
	Lst. 5 und mehr	unter Lst. 5	zusammen	Lst.	sh.	d.	Lst.	sh.	d.	Schill.	Pf.	Schill.	Pf.			fr.	c.
1801																	
Januar 6							b	5	10	b 29	10						
23												31	4	11	12		
Februar 6			b 16365206				b	5	11	b 31	10						
27				4	4					31	7						
28			a 16213000														
März 10							b	6		b 31	9						
April 10							b	6	1	b 31	4						
Mai 8							b	6	1	b 31	9						
Juni 9							b	6		b 31	4						
Juli 7							b	6		b 31	8						
August 7							b	6		b 31	4						
25										31	6						
31			14556000														
September 4							b	6		b 31	9						
Oktober 6							b	6		b 32	6						
November 6							b	5	11	b 32	5						

Jahr		Banknoten-Umlauf in Pfund Sterling, in Stücken von Lst. 5 und mehr	unter Lst. 5	zusammen	Londoner Marktpreis für Münzgold p. oz. Lst.	sh.	d.	Münzsilber p. oz. Lst.	sh.	d.	Wechselkurse in London auf Hamburg, Flämische Schill.	Pf.	Hamburg auf London, Flämische Schill.	Pf.	Bankogeld		London auf Paris fr.	c.
1801																		
Dezember	11							b	6	$0\frac{1}{8}$	b 31	10						
	28												31	3	11	$11\frac{1}{2}$		
	31										31 [1]	11						
1802																		
Januar	8							b	6	$0\frac{1}{2}$	b 32							
Februar	5							b	5	$11\frac{1}{2}$	b 32							
	26				4	3	6		5	$11\frac{1}{2}$	32	2						
	28			a 15187000														
März	5			b 15956016				b	5	$11\frac{1}{2}$	b 32	3						
April	9							b	5	$9\frac{1}{2}$	b 33	4						
Mai	7										b 32	7						
Juni	8			b 16747300				b	5	$9\frac{1}{2}$	b 33							
Juli	6							b	5	$6\frac{1}{2}$	b 33	1						
August	10							b	5	$6\frac{1}{2}$	b 33							
	27								5	6	33	2					23	10
	31			17097000														
September	7			b 16141636				b	5	6	b 33	3						

[1] Höchste Notiz: Oktober c 31 : 8 [?]. Niedrigste Notiz: Januar c 29 : 8.

Jahr	Banknoten-Umlauf in Pfund Sterling: in Stücken von Lst. 5 und mehr	unter Lst. 5	zusammen	Londoner Marktpreis für Münzgold p. oz. Lst.	sh.	d.	Münzsilber p. oz. Lst.	sh.	d.	Wechselkurse in London auf Hamburg, Flämische Schill.	Pf.	Hamburg auf London, Flämische Schill.	Pf.	Bankogeld		London auf Paris fr.	c.
1802																	
Oktober 1							b	5	6	b33	5						
November 5			b 15838410				b	5	6½	b33	5						
Dezember 3							b	5	7	b34							
31										34 [1]		33	10	12	11		
1803																	
Januar 4							b	5	7	b34							
Februar 4			b 16108560				b	5	7	b34	3						
25								5	7½	34	4					24	8
28			a 15320000														
März 4							b	5	7½	b34	6						
April 19							b	5	8	b34	2						
Mai 3							b	5	8	b34	4						
August 26										32	10					23	16
31			15983000														
September 13												32	2	12	1		
Dezember 23												34		12	12		
										[2]							

[1] Höchste Notiz: Dezember c 34:—. Niedrigste Notiz: Februar c 32:—.
[2] Höchste Notiz: Dezember c 35:—. Niedrigste Notiz: Januar c 34:— [?].

Jahr	Banknoten-Umlauf in Pfund Sterling: in Stücken von Lst. 5 und mehr	unter Lst. 5	zusammen	Londoner Marktpreis für Münzgold p. oz. Lst.	sh.	d.	Münzsilber p. oz. Lst.	sh.	d.	Wechselkurse in London auf Hamburg, Flämische Schill.	Pf.	Hamburg auf London, Flämische Schill.	Pf.	Bankogeld		London auf Paris fr.	c.
1804																	
Februar 24										34	8					24	14
28			a 17078000														
Mai 28												35	6	13	5		
August 31			17153000	4						35	10					25	4
Oktober 19				4						35	8					25	2
Dezember 31										¹)		34		12	12		
1805																	
Februar 26				4						35	8					25	12
28			a 15871000														
August 27				4						35	5					25	12
31			16388000														
September 10												34	2	12	13		
November 26								5	9½	32	9					25	4
Dezember 30										²)		31	10	11	15		

¹) Höchste Notiz: Juni c 36: —. Niedrigste Notiz: Februar c 34: 8.
²) Höchste Notiz: März c 35: 8. Niedrigste Notiz: November c 32: 9.

Jahr		Banknoten-Umlauf in Pfund Sterling, in Stücken von Lst. 5 und mehr	unter Lst. 5	zusammen	Londoner Marktpreis für Münzgold p. oz. Lst.	sh.	d.	Münzsilber p. oz. Lst.	sh.	d.	Wechselkurse in London auf Hamburg, Flämische Schill.	Pf.	Hamburg auf London, Flämische Schill.	Pf.	Bankogeld		London auf Paris fr.	c.
1806																		
Januar	10												33		12	6		
Februar	25										34	2					24	12
	28			a 17730000														
August	26										34	5					24	7
	31			21027000														
November	25												34		12	12		
											[1])							
1807																		
Februar	27								5	8	34	10					24	10
	28			a 16951000														
August	28										34	2					24	6
	31			19678000														
											[2])							
1808																		
Februar	?										34	4	12	15				
	26										34	6					23	6
	28	14093690	4095170	a 18188860														

[1]) Höchste Notiz: Dezember c 34:8. Niedrigste Notiz: Januar c 33:3 [?].
[2]) Höchste Notiz: März c 34:10. Niedrigste Notiz: September c 34:2.

Jahr	Banknoten-Umlauf in Pfund Sterling: in Stücken von Lst. 5 und mehr	unter Lst. 5	zusammen	Londoner Marktpreis für Münzgold p. oz. Lst.	sh.	d.	Münzsilber p. oz. Lst.	sh.	d.	Wechselkurse in London auf Hamburg (Flämische) Schill.	Pf.	Hamburg auf London (Flämische) Schill.	Pf.	Hamburg auf London (Bankogeld)		London auf Paris fr.	c.
1808																	
Mai 1	+13429640[1])	+4062260	+17491900														
Juli 1										35	3	13	3 6				
August 1	+13521380[1])	+4123290	+17644670														
26										35	2	13	3			23	16
31			17111000							35	2	13	3				
September 30										33	9	12	10 6				
November 1	+13255460[1])	+4211710	+17467170														
Dezember 30										31 [2])	3	11	11 6				
1809																	
Januar 7	+11718018	+4241420	+15959438														
12	+14077780	+4305920	+18383700														
Februar 1	+13226860[1])	+4333200	+17560060														
7	+12778660	+4351360	+17130020														
12	+12655360	+4345340	+16000700														
28			a18543000	4	10					31						20	19
März 7	+12761730	+4347190	+17108920														
12	+12365480	+4364470	+16729950														

[1]) Einschließlich Post-bills mit achttägiger Laufzeit.
[2]) Höchste Notiz: Juli c 35:3. Niedrigste Notiz: Dezember c 32:4 [?].

Jahr		Banknoten-Umlauf in Pfund Sterling – in Stücken von Lst. 5 und mehr	unter Lst. 5	zusammen	Londoner Marktpreis für Münzgold p. oz. Lst.	sh.	d.	Münzsilber p. oz. Lst.	sh.	d.	Wechselkurse in London auf Hamburg (Flämische) Schill.	Pf.	Hamburg auf London (Flämische) Schill.	Pf.	Bankogeld		London auf Paris fr.	c.
1809																		
April	7	+13062280	+4505770	+17568050														
	12	+13661710	+4518850	+18180560														
Mai	7	+13165000	+4547410	+17712410														
	12	+13635860	+4520710	+18156570														
Juni	7	+12404120	+4544650	+16948770														
	12	+12414120	+4562000	+16976120														
Juli	7	+12763880	+4868620	+17632500														
	12	+13066180	+4981060	+18047240							28	6						
August	7	+13197260	+5186880	+18384140														
	12	+13311800	+5206590	+18518390														
	22										29	4					20	1
September	7	+13424000	+5188580	+18612580														
	12	+13217600	+5185280	+18402880														
Oktober	7	+13142210	+5367880	+18510090														
	12	+13298870	+5335660	+18634530														
November	7	+13652700	+5438480	+19091180														
	12	+13578260	+5476020	+19054280														

Jahr		Banknoten-Umlauf in Pfund Sterling: in Stücken von Lst. 5 und mehr	unter Lst. 5	zusammen	Londoner Marktpreis für Münzgold p. oz. Lst.	sh.	d.	Münzsilber p. oz. Lst.	sh.	d.	Wechselkurse in London auf Hamburg (Flämische) Schill.	Pf.	Hamburg auf London (Flämische) Schill.	Pf.	Hamburg auf London (Bankogeld)		London auf Paris fr.	c.
1809																		
Dezember	7	+13381600	+5402010	+18783610														
	12	+13438580	+5408060	+18846640														
											[1]							
1810																		
Januar	7	+13013790	+5663080	+18676870														
	12	+14668640	+5854170	+20522810														
Februar	27										29						19	16
	28			a 21020000														
August	28										30	9					21	6
	31			24793000														
Oktober	?			24823000							31 [2]	6						
1811																		
Februar	26				4	13	6				25						17	16
	28			a 23360000														
März	7	+14819160	+7086380	+21905540														
	12	+14934650	+7127350	+22062000														

[1] Höchste Notiz: Januar c 31:3. Niedrigste Notiz: November c 28:6.
[2] Höchste Notiz: Juni c 31:2 [?]. Niedrigste Notiz: Dezember c 28:6.

Jahr		Banknoten-Umlauf in Pfund Sterling, in Stücken von Lst. 5 und mehr	Banknoten-Umlauf in Pfund Sterling, in Stücken von unter Lst. 5	Banknoten-Umlauf zusammen	Londoner Marktpreis für Münzgold p. oz. Lst.	Münzgold sh.	Münzgold d.	Münzsilber p. oz. Lst.	Münzsilber sh.	Münzsilber d.	Wechselkurse in London auf Hamburg, Flämische Schill.	London auf Hamburg Pf.	Hamburg auf London, Flämische Schill.	Hamburg auf London Pf.	Hamburg auf London Bankogeld		London auf Paris fr.	London auf Paris c.
1811																		
April	7	+14855950	+7371120	+22227070														
	12	+16792790	+7386630	+24179420														
Mai	6				4	14	[1])											
	7	+15431850	+7268470	+22700320														
	12	+14942680	+7312590	+22255270														
Juni	7	+14782880	+7259260	+22042140														
	12	+14491810	+7247500	+21739310														
Juli	7	+13988710	+7396770	+21385480														
	12	+13506900	+7536880	+21043780														
August	7	+14703840	+7541890	+22245730														
	12	+14495450	+7544210	+22039660														
	30				4	17	6		6	2	25	6				18	2	
	31			23286000														
September	7	+14144650	+7576610	+21721260														
	12	+14504150	+7504430	+22008580														
Oktober	7	+14329420	+7609260	+21938680														
	12	+14122680	+7706770	+21829450														

Jahr		Banknoten-Umlauf in Pfund Sterling in Stücken von			Londoner Marktpreis für						Wechselkurse in							
					Münzgold p. oz.			Münzsilber p. oz.			London auf Hamburg		Hamburg auf London				London auf Paris	
											Flämische				Bankogeld			
		Lst. 5 und mehr	unter Lst. 5	zusammen	Lst.	sh.	d.	Lst.	sh.	d.	Schill.	Pf.	Schill.	Pf.			fr.	c.
1811																		
November	7	+14800120	+7538700	+22338820														
	12	+14497680	+7490570	+21988250														
Dezember	7	+13969650	+7372700	+21342350														
	12	+14150010	+7268570	+21418580														
1812											[1]							
Januar	7	+13614880	+7430670	+21045550														
	12	+14836910	+7521620	+22358530														
Februar	7	+14917690	+7532570	+22450260														
	12	+14597340	+7499420	+22096760														
	28				4	15					28						19	16
	29			a23408000														
März	7	+14671350	+7448150	+22119500														
	12	+14745350	+7387390	+22122740														
April	7	+13905000	+7434660	+21339660														
	12	+15103590	+7618810	+22722400														
August	28										28	9					19	15
	31			23026000														

[1] Höchste Notiz: Januar c 26:6. Niedrigste Notiz: März c 24:—.

Jahr		Banknoten-Umlauf in Pfund Sterling			Londoner Marktpreis für						Wechselkurse in							
		in Stücken von			Münzgold p. oz.			Münzsilber p. oz.			London auf Hamburg		Hamburg auf London				London auf Paris	
											Flämische				Bankogeld			
		Lst. 5 und mehr	unter Lst. 5	zusammen	Lst.	sh.	d.	Lst.	sh.	d.	Schill.	Pf.	Schill.	Pf.			fr.	c.
1813																		
Februar	26										30						19	80
	27			a 23 211 000														
August	27										26	6					18	80
	31			24 828 000														
1814																		
Januar	1			+ 25 981 750														
	8			+ 25 913 610														
	15			+ 25 421 030														
	22			+ 25 122 910														
	29			+ 25 254 360														
Februar	5			+ 24 817 550														
	12			+ 24 950 400														
	19			+ 24 802 820														
	22				5	8			6	11 1/2	29						21	
	26			+ 25 095 410														
	28	16 455 540	8 345 540	24 801 080	5	8			6	11 1/2	29						21	
März	5			+ 24 834 950														

Jahr		Banknoten-Umlauf in Pfund Sterling, in Stücken von Lst. 5 und mehr	unter Lst. 5	zusammen	Londoner Marktpreis für Münzgold p. oz. Lst.	sh.	d.	Münzsilber p. oz. Lst.	sh.	d.	Wechselkurse in London auf Hamburg, Flämische Schill.	Pf.	Hamburg auf London, Flämische Schill.	Pf.	Bankogeld		London auf Paris fr.	c.
1814																		
März	12			+24657050														
	19			+24905880														
	26			+25292690														
April	2			+25129800														
	9			+27138890														
	16			+25720770														
	23			+25552250														
	30			+25798320														
Mai	7			+25382300														
	14			+25365350														
	21			+25744830														
	28			+25923510														
Juni	4			+26007730														
	7												26	4	9	12		
	11			+26953730														
	18			+25574600														
	25			+25943740														

Jahr	Banknoten-Umlauf in Pfund Sterling, in Stücken von Lst. 5 und mehr	unter Lst. 5	zusammen	Londoner Marktpreis für Münzgold p. oz. Lst.	sh.	d.	Münzsilber p. oz. Lst.	sh.	d.	Wechselkurse in London auf Hamburg, Flämische Schill.	Pf.	Hamburg auf London, Flämische Schill.	Pf.	Bankogeld		London auf Paris fr.	c.
1814																	
Juli 2			+26304390														
9			+29532910														
16			+30117190														
23			+28601640														
30			+29245360														
August 6			+29089690														
13			+29108570														
20			+28709710														
23				4	11			5	8½	32						22	80
27			+28763210														
31	18703210	9665080	28368290														
September 3			+28681200														
10			+28356210														
17			+27987920														
24			+27820660														
?				4	5					33						23	30
Oktober 1			+28672350														

Jahr	Banknoten-Umlauf in Pfund Sterling, in Stücken von Lst. 5 und mehr	unter Lst. 5	zusammen	Londoner Marktpreis für Münzgold p. oz. Lst.	sh.	d.	Münzsilber p. oz. Lst.	sh.	d.	Wechselkurse in London auf Hamburg, Flämische Schill.	Pf.	Hamburg auf London, Flämische Schill.	Pf.	Bankogeld		London auf Paris fr.	c.
1814																	
Oktober 8			+27662310														
15			+29224020														
22			+28225480														
29			+28038250														
November 5			+28108500														
12			+27825140														
19			+27504860														
26			+28232740														
Dezember 3			+27789070														
10			+27287650														
17			+27337950														
24			+27724660														
30												31		11	10		
31			+27927720														
1815																	
Januar 7			+26339650														
14			+28886080														

Jahr		Banknoten-Umlauf in Pfund Sterling			Londoner Marktpreis für						Wechselkurse in						London auf Paris	
		in Stücken von			Münzgold p. oz.			Münzsilber p. oz.			London auf Hamburg		Hamburg auf London					
											Flämische				Bankogeld			
		Lst. 5 und mehr	unter Lst. 5	zusammen	Lst.	sh.	d.	Lst.	sh.	d.	Schill.	Pf.	Schill.	Pf.			fr.	c.
1815																		
Januar	21			+28199070														
	28			+27923930														
Februar	4			+28258620														
	11			+27597730														
	18			+26935820														
	25			+26673370														
	28			a27262000	4	9			5	11½	32	2					22	
März	4			+26799400														
	11			+26552660														
	18			+26541320														
	21												30	8	11	4		
	25			+26872000														
	31												28		10	8		
April	1			+26668170														
	7												26		9	14		
	8			+27771190														
	15			+28039700														

Jahr		Banknoten-Umlauf in Pfund Sterling in Stücken von Lst. 5 und mehr	unter Lst. 5	zusammen	Londoner Marktpreis für Münzgold p. oz. Lst.	sh.	d.	Münzsilber p. oz. Lst.	sh.	d.	Wechselkurse in London auf Hamburg Flämische Schill.	Pf.	Hamburg auf London Flämische Schill.	Pf.	Bankogeld		London auf Paris fr.	c.
1815																		
April	22			+27290860														
	29			+27479840														
Mai	9			+26894450														
	13			+27196220														
	20			+27022040														
	27			+26780740														
Juni	3			+26878130														
	10			+26651900														
	16												27		10	2		
	17			+26069600									27		10	2		
	23			+26432270														
	24												30	10	11	9		
	30																	
Juli	1			+27296580														
	8			+28182340														
	15			+27326640														
	22			+26916630														

Jahr		Banknoten-Umlauf in Pfund Sterling: in Stücken von Lst. 5 und mehr	Banknoten-Umlauf in Pfund Sterling: in Stücken von unter Lst. 5	Banknoten-Umlauf in Pfund Sterling: zusammen	Londoner Marktpreis für Münzgold p. oz.: Lst.	Münzgold p. oz.: sh.	Münzgold p. oz.: d.	Londoner Marktpreis für Münzsilber p. oz.: Lst.	Münzsilber p. oz.: sh.	Münzsilber p. oz.: d.	Wechselkurse in London auf Hamburg, Flämische: Schill.	London auf Hamburg, Flämische: Pf.	Hamburg auf London, Flämische: Schill.	Hamburg auf London, Flämische: Pf.	Hamburg auf London, Bankogeld	Hamburg auf London, Bankogeld	London auf Paris: fr.	London auf Paris: c.
1815																		
Juli	29			+27428740														
August	5			+27143660														
	12			+27233060														
	19			+27155230														
	25			+27004050														
	26										32	6					22	
	31	17766140	9482530	27248000														
September	2			+27065190														
	9			+27102840														
	15												32		12			
	16			+26640520														
	23			+26516110														
	30			+27388600														
Oktober	7			+26522960														
	14			+27411120														
	21			+26706810														
	28			+26373170														

Jahr	Banknoten-Umlauf in Pfund Sterling			Londoner Marktpreis für						Wechselkurse in							
	in Stücken von			Münzgold p. oz.			Münzsilber p. oz.			London auf Hamburg		Hamburg auf London				London auf Paris	
										Flämische				Bankogeld			
	Lst. 5 und mehr	unter Lst. 5	zusammen	Lst.	sh.	d.	Lst.	sh.	d.	Schill.	Pf.	Schill.	Pf.			fr.	c.
1815																	
November 4			+26828520														
11			+26376720														
18			+25854250														
25			+25770420														
Dezember 2			+25619450														
9			+25047400														
16			+25006330														
23			+25823100														
29												33	2	12	7		
30			+25629480														
1816																	
Februar 27	18012220	9001400	27013620	4	2			5	4	34	8					24	6
28																	
August 27				3	19					36	9					25	80
31			26758720														
Dezember 31												35	2	13	3		

Jahr	Banknoten-Umlauf in Pfund Sterling: in Stücken von Lst. 5 und mehr	unter Lst. 5	zusammen	Londoner Marktpreis für Münzgold p. oz. Lst.	sh.	d.	Münzsilber p. oz. Lst.	sh.	d.	Wechselkurse in London auf Hamburg, Flämische Schill.	Pf.	Hamburg auf London, Flämische Schill.	Pf.	Bankogeld		London auf Paris fr.	c.
1817																	
Februar 28			a 27398000	3	18	6		5	1	36	7					25	40
August 22				4		6		5	1	35						24	30
31			29543780														
Dezember 30												33	4	12	8		
1818																	
Februar 10	+19650590	+7446610	+27097200														
17	+19574780	+7424720	+26999500														
24	+18996980	+7364620	+26361600														
27			a 27770970					5	4½	34						24	
März 3	+19047570	+7372080	+26419650														
August 25										34	6					24	35
31			26202150														
September ?												33	7	12	9½		
Oktober 30												32	9	12	4½		
November ?												31	7	11	13½		
Dezember 29												32	6	12	3		

Jahr		Banknoten-Umlauf in Pfund Sterling in Stücken von Lst. 5 und mehr	unter Lst. 5	zrsammen	Londoner Marktpreis für Münzgold p. oz. Lst.	sh.	d.	Münzsilber p. oz. Lst.	sh.	d.	Wechselkurse in London auf Hamburg Flämische Schill.	Pf.	Hamburg auf London Flämische Schill.	Pf.	Bankogeld		London auf Paris fr.	c.
1819																		
Februar	19				4	1			5	7	33	11					23	85
	27	17772740	7354230	a 25126970														
August	3				3	18			5	2	35	11					25	10
	31	18017450	7285340	25302790														
Dezember	31												35	4	13	4		
1820																		
Februar	29			a 23484000														
März	3				3	17	$10^{1}/_{2}$		5	$1^{1}/_{2}$	36	4					25	20
August	1				3	17	$10^{1}/_{2}$		5		37	6					25	80
	31			24299000														
Dezember	29												37	2	13	15		
1821																		
Februar	27				3	17	$10^{1}/_{2}$		4	$11^{1}/_{2}$	38	2					25	80
	28			a 23885000														
August	28				3	17	$10^{1}/_{2}$		4	11	38	2					25	70
	31			20295000														
Dezember	28												36	$8^{1}/_{2}$	13	$12^{1}/_{4}$		

Jahr		Banknoten-Umlauf in Pfund Sterling in Stücken von Lst. 5 und mehr	Banknoten-Umlauf in Pfund Sterling in Stücken von unter Lst. 5	Banknoten-Umlauf in Pfund Sterling zusammen	Londoner Marktpreis für Münzgold p. oz. Lst.	Münzgold sh.	Münzgold d.	Münzsilber p. oz. Lst.	Münzsilber sh.	Münzsilber d.	Wechselkurse in London auf Hamburg Flämische Schill.	London auf Hamburg Pf.	Hamburg auf London Flämische Schill.	Hamburg auf London Flämische Pf.	Hamburg auf London Bankogeld	Hamburg auf London Bankogeld	London auf Paris fr.	London auf Paris c.
1822																		
Februar	26				3	17	10½		4	11	37	4					25	40
	28			a 18665000														
August	27				3	17	6		4	11½	37	11					25	60
	31			17464000														
Dezember	31												36	7	13	11½		

HALBJAHRS-DURCHSCHNITT DES NOTEN-UMLAUFS[1]) VON 1797 BIS 1817.

(Nach einem amtlichen Bericht der Bank von England vom 18. April 1818.)[2])

Jahr	Halbjahr	Lst.	Bemerkungen
1797	I	10 821 574	[1]) Einschließlich Post-bills.
	II	11 218 084	[2]) Enthalten in Hansard: Parliamentary Debates.
1798	I	12 954 685	
	II	12 204 547	
1799	I	13 374 874	
	II	13 525 714	
1800	I	15 009 457	
	II	15 311 824	
1801	I	16 134 249	
	II	15 487 555	
1802	I	16 284 052	
	II	16 571 726	
1803	I	15 967 094	
	II	17 043 450	
1804	I	17 623 680	
	II	17 192 440	
1805	I	17 271 429	
	II	16 480 713	
1806	I	16 941 887	
	II	16 641 761	
1807	I	16 724 368	
	II	16 687 438	
1808	I	16 953 787	
	II	17 303 512	
1809	I	18 214 026	
	II	19 641 640	
1810	I	20 894 441	
	II	24 188 605	
1811	I	23 471 29	
	II	23 094 046	
1812	I	23 123 140	
	II	23 351 496	
1813	I	23 939 693	
	II	24 107 445	
1814	I	25 511 012	
	II	28 291 832	
1815	I	27 155 824	
	II	26 618 210	
1816	I	26 468 283	
	II	26 681 398	
1817	I	27 339 768	
	II	29 210 035	

ANHANG II.

WORTLAUT DER ANGEFÜHRTEN GESETZE.[1]

---

[1]) Der Text der Gesetze ist im Wortlaut angeführt. Ausgelassen und durch ..... angedeutet sind lediglich Wiederholungen und die in der älteren englischen Gesetzessprache sehr häufigen, nichtssagenden Formeln. Entnommen sind die Gesetze den „Statutes at large“.

Minute of Council.

„At the Council Chamber, Whitehall, the 26th. of February 1797, by the lords of His Majesty's most honourable privy council; present Lord Chancellor, Lord President, Duke of Portland, Marquis Cornwallis, Earl Spencer, Earl of Liverpool, Lord Grenville, Mr. Chancellor of the Exchequer.

Upon the representation of the chancellor of the exchequer, stating, that from the result of the information which he has received, and of the inquiries which it has been his duty to make respecting the effect of the unusual demands for specie, that have been made upon the metropolis, in consequence of illfounded or exaggerated alarms in different parts of the country, it appears that unless some measure is immediately taken, there may be reason to apprehend a want of a sufficient supply of cash, to answer the exigencies of the public service: It is the unanimous opinion of the board, that it is indispensably necessary for the public service, that the directors of the Bank of England should forbear issuing any cash in payment, until the sense of parliament can be taken on that subject and the proper measures adopted thereupon, for maintaining the means of circulation and supporting the public and commercial credit of the Kingdom at this important conjuncture. And it is ordered, that a copy of this minute be transmitted to the directors of the Bank of England; and they are hereby required on the ground of the exigency of the case, to conform thereto, until the sense of parliament can be taken as aforesaid."

(Signed) „W. Fawkener."

37. Georg III. ch. 28. (3. März 1797.)

An Act to remove doubts respecting promissory-notes of the Governor and Company of the Bank of England for payment of sums of money under five pounds.

„.... whereas it is expedient for the public service and for the convenience of commercial circulation, that the Governor and the Company of the Bank of England should issue promissory notes, payable to bearer, for sums of money under five pounds; now, to avoid any doubt concerning the validity thereof, be it enacted by the Kings most excellent Majesty pp. .... that all promissory notes and other notes for payment of money, which since the second day of March one thousand seven hundred and ninety seven have been or which hereafter shall be issued by the Governor and Company of the Bank of England payable to bearer, notwithstanding the same shall have been or shall be made and issued for the payment of any sum of money under the sum of five pounds, shall be good and valid in the law to all intents and purposes, in like manner as if the same had been made and issued for the sum of five pounds or upwards; any law, statute or usage te the contrary thereof in anywise notwithstanding.........“

37. Georg III. ch. 45. (3. Mai 1797.) (Bank-Restriction-Act.)

An Act for confirming and continuing, for a limited time, the restriction contained in the minute of council of the twenty-sixth of february one thousand seven hundred and ninety seven, on payment of cash by the bank.

„Whereas, by minute of His Majesty's Privy-Council, made on the twenty-sixth day of february 1797, upon the representation of the chancellor of the exchequer, stating, that, from the result of the information which he had received, and of the inquiries which it had been his duty to make respecting the effect of the unusual demands for specie, that have been made upon the metropolis, in consequence of ill-founded or exaggerated alarms in different parts of the country, it appeared, that unless some measure was immediately taken, there might be reason to apprehend a want of a sufficient supply of cash to answer the exigencies of the public service, it was declared to be the unanimous opinion of the board, that it was indispensably necessary for the public service, that the directors of the Bank of England should forbear issuing any cash in payment until the sense of parliament could be taken on that subject, and the proper measures adopted thereupon for maintaining the means of circulation and supporting the public and commercial credit of the kingdom at this important conjuncture, ... and whereas in pursuance of the said minute the said Governor and Company of the Bank of England have, since the said 26. II. 1797 forborne to issue cash in payment, except for purposes for which the issue of cash was deemed unavoidable; and it is necessary that the restriction contained in the said minute, although not warranted by law, should be confirmed and should be continued for a limited time by the authority of parliament, be it enacted, by the King's most excellent Majesty pp., ... that all acts done by the said Governor & Co. pp...... shall be, and the same are hereby ratified and confirmed.........

II. and be it further enacted by the authority aforesaid, that, from and after the passing of thist act, it shall not be lawful for the said Governor & Co. to issue any cash in payment of any debt or demand whatsoever..........
and that during the continuance of the restriction hereby imposed on payments by the said Governor & Co. in cash, no action or suit shall be prosecuted against the said Governor & Co. to compel payment of any note of the said Governor & Co. to to be payable on demand. ......or to compel payment of any sum of money whatsoever by the said Governor & Co. which the said Governor & Co. shall be willing to pay in notes by the said Governor & Co. expressed to be payable on demand.......

III. provided always, and it is hereby enacted, ...that nothing in this act contained shall extend to restrain the said Governor & Co. from issuing any sum of money less than twenty shillings in cash in payment of any debt or demand not amounting to twenty shillings or in payment of so much of any larger debt or demand as shall be a fractionel part of twenty shillings over and above the residue of such debt or demand......

IV. provided always and be it enacted, that it shall not be lawful for the said Governor & Co. during the continuance of the restriction....... to issue any sum of money in cash or in notes of the said Governor & Co. by way of a loan or advance for or on account of the public service except to an amount not exceeding six hundred thousand pounds on the credit of exchequer-bills, to be issued by virtue of an act of the present session of parliament.........

V. ......and be it further enacted, ...that from and after the 7. day of April 1797, during the continuance of the restriction .... it shall nevertheless be lawful for the said Governor & Co. to accept from any person or persons whatsoever any sum or sums of money, in cash, not being less than 500 pounds, in exchange for notes of the said Governor & Co. of equal amount, upon an engagement from the said Governor & Co. to pay to such person...... cash in exchange for any note or notes ....payable on demand, to such an amount, not exceeding in the whole three-fourths of the sum of money, which shall have been so paid by such person or persons to the said Governor & Co. in cash......

VI. ......and be it further enacted....., that it shall be lawful for the said Governor & Co....... to advance for the accomodation of the persons dealing as bankers in London, Westminster and the borough of Southwark, in cash any sums of money not exceeding 100 000 pounds.......

VII. ......and be it further enacted, that it shall and may be lawful to and for the said Governor & Co. of the Bank of England, upon application made to them by or on behalf of the treasurer of the Bank called the Bank of Scotland, ...or by or on the behalf of the cashier of the Bank called The Royal Bank of Scotland..... to issue and to pay to such treasurer or cashier respectively...... for the sole use of the said banks, such sum or sums of money, in gold or silver, as may be required, not exceeding the sum of 25 000 pounds for each of the said banks.......

VIII. ....and be it further enacted..... that all payments in notes of the said Governor & Co. expressed to be payable on demand which have been made since the said 26. febr. 1797 or which shall be made during the restriction...... shall be deemed payments in cash, if made and accepted as such.......

IX. ......and be it further enacted....... that no person shall be held to special bail upon any process...., unless the affidavit, which shall be made, ...shall not only contain the several matters required by ......but also, that no offer has been made to pay the sum of money ....in notes of the said Governor & Co., expressed to be payable on demand (fractional parts of the sum of twenty shillings only excepted); and if any process shall be issued against any person upon which such person might have been held to special bail before the passing of this act, and no affidavit shall be made....., that no such offer of payment in notes of the Governor & Co. had been made, ... such person shall not be arrested.......

X. and be it further enacted..... that, during the continuance of the restriction, ... all sums of money which now are or shall be payable for any part of the public revenue, shall be accepted by the collectors, receivers and other officers of the revenue, authorized to receive the same, in notes of the said Governor & Co., expressed to be payable on demand, if offered to be so paid (fractional parts of the sum of twenty shillings only excepted).

XI. .... be it enacted, that it shall and may be lawful for the Governor & Co. of the Bank of England during the continuance of this act, to issue cash, out of any cash which shall have come into the hands of the said Governor & Co. subsequent to the 26. II. 1797 and which shall be at their disposal, in payment of any debt or demand whatsoever, ... upon their giving five days notice in writing to the speaker of the House of Commons of their intention so to do, ... which notice the speaker of the House of Commons is hereby required to cause forthwith to be inserted in the „London Gazette“ and a copy thereof to be affixed on the Royal Exchange in London.

XII. ..... and be it further enacted ...... that this act shall be in force and have continuance, so far as the same restrains the said Governor & Co. from issuing cash in payments, until the twenty-fourth day of June 1797.

XIII. ....“

Continued	by	37.	Georg III.	ch.	91.	(„Peel's Currency-Bill“.)
„	„	38.	„	„	1.	
„	„	42.	„	„	40.	
„	„	43.	„	„	18.	
„	„	44.	„	„	1.	
„	„	54.	„	„	99.	
„	„	55.	„	„	28.	
„	„	56.	„	„	40.	
„	„	58.	„	„	37.	
„	„	59.	„	„	49.	(„Peel's Currency-Bill“.)

38. Georg III. ch. 59. (21. Juni 1798.) (14. Georg III. ch. 42!)

An act to revive and continue until the first day of January 1799 an act, passed in the 14. year of the reign of His present Majesty ..... on the 13. day of January 1774, intituled „an act to prohibit the importation of light silver coin of this realm, from foreign countries into Great Britain or Ireland; and to restrain the tender thereof beyond a certain sum; and to suspend the coining of silver.

I. ..... be it therefore enacted ..... that from and after the passing this act the said act ..... shall be ..... revived, and shall continue and be in force until the first day of January 1799.

II. .... whereas, from the present low price of silver bullion, owing to temporary circumstances, a small quantity of silver bullion has been brought to the Mint to be coined, and there is reason to suppose, that a still further quantity may be brought, and it is therefore necessary to suspend the coining of silver for the present; be it therefore enacted, that from and after the passing of this act, no silver bullion shall be coined at the Mint, nor shall any silver coin that may have been coined there be delivered.....

III. ...... and be it further enacted, that all persons, who delivered silver at the Mint for the purpose of the same being coined, previous to the nineth day of May 1798, shall be entitled to receive from the officers of His Majesty's Mint, such a sum for each pound weight thereof, as shall be equal to the ful value of the coin into which the bullion would have been converted, if the same had been coined according to the regulations of the Mint .....“.

Again revived and made perpetual by 39. Georg III. ch. 75.

48. Georg III. ch. 88. (23. 6. 1808.)

An act to restrain the negociation of promissory-notes and Inland-bills of exchange under a limited sum in England.

I. „Whereas .... an act passed in the fifteenth year of the reign of His present Majesty, intituled ..... (15. Georg III. ch. 51. !) ..... be it therefore enacted ...... that from and after the passing of this act, the said recited act shall be and the same is hereby repealed.

II. And be it further enacted, that all promissory or other notes ..... less than the sum of twenty shillings in the whole, heretofore made or issued, or which shall hereafter be made or issued, shall from and after the first day of October 1808 be and the same are hereby declared te be absolutely void and of no effect.......“.

51. Georg III. ch. 127. (24. 7. 1811.)

An act for making more effectual provision for preventing the current gold coin of the realm from being paid or accepted for a greater value than the current value of such coin; for preventing any note or bill of the Governor & Co. of the Bank of England from being received for any smaller sum than the sum therein specified; and for staying proceedings upon any distress by tender of such notes.

„I. Whereas ..... be it enacted, ... that from and after the passing of this act, no person shall receive or pay for any gold coin lawfully current within the realm any more in value, benefit, profit or advantage, than the true lawful value of such coin, whether such value, benefit, profit or advantage be paid, made or taken in lawful money, or in any note or notes, bill or bills of the Governor & Co. of the Bank of England, or in any silver Token or Tokens issued by the said Governor & Co. or by any or all of the said means wholly or partly......

II. and be it further enacted.... that no person shall by any means ...... receive or pay any note or notes, bill or bills of the Governor & Co. of the Bank of England for less than the amount of lawful money expressed therein and to be thereby made payable, except only lawful discount on such note or bill, as shall not be expressed to be payable on demand......

III. and be it enacted, ... that in case any person shall proceed by distress or poinding to recover from any tenant or other person liable to such distress or poinding, any rent or sum of money due from such tenant or other person, it shall be lawful for such tenant or other person, in every such case to tender notes of the Governor & Co. of the Bank of England expressed to be payable on demand to the amount of such rent or sum so due, either alone or together with a sufficient sum of lawful money, to the person on whose behalf such distress or poinding is made or to the officer or person making such distress or poinding on his behalf; and in case such tender shall be accepted or in case such tender shall be made and refused, the goods taken in such distress or poinding shall be forthwith returned te the party distrained upon or against whom such poinding shall have been used, unless the party distraining or poinding and refusing to accept such tender shall insist, that a greater sum is due than the sum so tendered, and in such case the parties shall proceed as usual in such cases, but if it shall appear, that no more was due than the sum so tendered, than the party, who tendered such sum, shall be entituled to the costs of all subsequent proceedings: provided always, that the person, to whom such rent or sum of money is due, shall have and be entitled to all such other remedies for the recovery thereof, exclusive of distress and poinding, as such person had or was entitled to at the time of making such distress or poinding, if such person shall not think propper to accept such tender so made as aforesaid.....

VI. ....and be it further enacted, that this act shall continue and be in force to and until 25. 3. 1812."

Continued and extended to Ireland by 52. Georg III. ch. 50.
" " 53. " " 5.

Revived and continued during the
time of the Bankrestriction by 54. " " 52.

52. Georg III. ch. 138. (20. 7. 1812.)

An act for the further prevention of the counterfeiting of silver-Tokens issued by the Governor & Co. of the Bank of England, called dollars, and of silver pieces issued and circulated by the said Governor & Co., called tokens; and for the further prevention of frauds practised by the imitation of the notes or bills of the said Governor & Co.

Whereas the Governor & Co. of the Bank of England have for the convenience of the public caused to be coined or stamped and circulated a large quantity of silver dollars..... and whereas the said Governor & Co. with the approbation of His Majesty's Most Honourable Privy Council have also issued and circulated for the convenience of the public a quantity of silver pieces denominated tokens, for the respective sums of three shillings, and one shilling and sixpence, ... and whereas the said Governor & Co. intend to issue and circulate other like tokens for the respective sums of three shillings and one shilling and sixpence, and whereas the circulation of the said dollars and tokens has been of great public utility..... be it enacted, ... that, if any person shall from and after the first day of August 1812 make, coin or counterfeit, or cause or procure to be made, coined..... any coin.... resembling.... or look like the said dollars or tokens.... or to pass as such, every person so offending and being thereof convicted by due course of law, shall be deemed and adjudged to be guilty of felony and shall be transported for the term of fourteen years."

Diesem Gesetz war am 26. Juni 1811 statute 51. Georg III. ch. 110. vorangegangen, welches ebenfalls die Dollars und Tokens der Bank von England vor Nachahmungen pp. schützte. Darin waren auch die Tokens zu 5 sh. 6 d. mit angeführt. Die Strafe war auf siebenjährige Ausweisung festgesetzt.

52. Georg. III. ch. 157. (29. 7. 1812.)

An act to prevent the issuing and circulating of pieces of gold and silver, or other metal, usually called Tokens, except such as are issued by the Banks of England and Ireland respectively:

„Whereas various pieces of gold and silver and mixed metals composed in part of gold or silver, usually denominated tokens, have lately been and are issued and circulated by persons residing in various parts of the United Kingdom, in great quantities, for nominal sums of money usualy expressed thereon, much above the real value of the metals of which the same are composed...... be it enacted...... that from and after the passing of this act, no piece of gold or silver, or mixed metal composed in part of gold or silver, of whatever value the same may be, shall be made, or manufactured, or originally issued as a token for money, or as purporting that the bearer or holder thereof is entitled to demand any value denoted thereon......

II. and be it further enacted, that from and after the 25. 3. 1813. no piece of gold or silver or of any mixed metal composed partly of gold or silver, of whatever value the same may be, shall pass or circulate as a token for money.....

III. .....and be it further enacted, that nothing in this act contained shall extend or be construed to extend to any tokens issued or circulated by or under the authority of the Governor & Co. of the Bank of England....., or in any manner to affect any such tokens or the circulation thereof or to subject any company or companies, or person or persons to any penalty for issuing or circulating any such tokens.

Die in Ziffer II genannte Frist für den Umlauf der Tokens wird in der Folgezeit verlängert durch:

53. Georg. III. ch. 19. I.,

53. Georg. III. ch. 114.,

54. Georg. III. ch. 4. II.

Nach Absatz III. von 53. Georg. III. ch. 114. blieb der Emittent solcher Privattokens auch nach Beendigung ihres Umlaufs dem Inhaber gegenüber für den Wert, der auf den Stücken verzeichnet stand, haftbar.

56. Georg. III. ch. 68. (22. 6. 1816.)

An act to provide for a new silver coinage, and to regulate the currency of the gold and silver coin of this realm:

„Whereas the silver coins of the realm have, by long use and other circumstances, become greatly diminished in number and deteriorated in value, so as not to be sufficient for the payments required in dealings under the value of the current gold coins, by reason whereof a great quantity of light and counterfeit silver coin and foreign coin has been introduced into circulation within this realm, and the evils resulting therefrom can only be remedied by a new coinage of silver money, to be made and issued under proper regulations for maintaining its value and preserving the same in circulation, be it therefore enacted.... that from and after the passing of this act so much of an act made in the 18. year of the reign of His late Majesty Charles II., intitled „An act for encouraging of coinage" and also so much of all and every other act and acts as provide and enact, that whatsoever person ...... should bring any foreign coin, plate or bullion of silver, in mass molten or alloyed or any sort or manufacture of silver, into His Majesty's mint or mints within the kingdom of England to be there melted down and coined into the current coins of this kingdom, should have the same there assayed, melted down and coined with all convenient speed, without any defalcation, diminution or charge for the assaying, coinage or waste in coinage, so as that for every pound troy of Sterling or Standard silver, that should be brought in or delivered by him or them to be assayed, melted down and coined as aforesaid, there should be delivered out to him or them respectively, a pound troy of the current coins of this kingdom, of Sterling or Standard silver....... shall be....... hereby repealed......

II. And be it further enacted, that so much of an act made in the 7. & 8. years of the reign of His late Majesty King William III. intituled „An act for remedying the ill state of the coin of the kingdom“ and also so much of all and every act and acts, as declare, enact or provide that the weight and fineness prescribed by any indenture theretofore made with His Majesty's master and worker for making of silver monies at the tower of London, shall be and remain to be the standard of and for the lawful silver coin of the Kingdom; and also so much of an act made in the 14. year of His present Majesty's reign, intituled „An act to prohibit the importation of light silver coin of this realm from foreign countries into Great Britain or Ireland and to restrain the tender thereof beyond a certain sum“ as enacts, that any silver coin of the realm, less in weight than after the rate of sixty two shillings for every pound troy, shall be forfeited......, shall from and after the passing of this act be, ...hereby repealed.

III. And whereas by an act made in the 38. year of His present Majestys reign, intituled „An act to revive and continue until the first day of January 1799 an act, passed in the 14. year of the reign of His present Majesty, chapter 42...... intituled „An act to prohibit the importation of light silver coin of this realm...... and to restrain the tender thereof beyond a certain sum and to suspend the coining of silver“ after reciting that His Majesty had appointed a committee of His Privy Council to take into consideration the state of the coin of this kingdom ......and that inconvenience might arise from any coinage of silver until such regulations might be framed as should appear necessary and that from the then low price of silver bullion, owing to temporary circumstances, a small quantity of silver bullion had been brought to the mint to be coined, and that there was reason to suppose, that a still further quantity might be brought, and that it was therefore necessary to suspend the coinage of silver for the present, it was enacted, that...... no silver bullion should be coined at the mint..... and whereas regulations with respect to a coinage of silver cannot be carried into effect by reason of the said act,

be it therefore enacted,

that from and after the passing of this act, so much of the said last recited act, as enacts that no silver bullion shall be coined at the mint and that no silver coin that may have been coined there shall be delivered, shall be....... hereby repealed.

IV. and be it further enacted, that from and after the passing of this act, it shall and may be lawful for His Majesty's master and worker of the mint, at His Majesty's mint at London, to coin or cause to be coined any silver bullion which at any time before or after the passing of this act, shal have been or shall be brought to or delivered or deposited at the said mint, into

silver coins

of a Standard and fineness of

11 ounces 2 pennyweights of fine silver and

18 pennyweights of alloy

in the pound troy,

and in weight after the rate of

66 shillings to every pound troy,

whether the same to be coined in crowns, halfcrowns, shillings or sixpences, or pieces of a lower denomination.......

V. And be it further enacted, that from and after such day and during such period of time as shall be named and appointed in and by any Proclamation or Proclamations which shall be made and issued for that purpose, by or on behalf of His Majesty...... it shall and may be lawful for any person or persons to bring and deliver into the said mint any silver coin of this realm heretofore coined and current, which shall by any officer or officers of the mint, to be appointed for that purpose by the master of the said mint, be judged and deemed to be such silver coin of the realm; and that there shall be delivered out from the said mint to every person bringing in and delivering such old silver coin a sum in new silver coins, of crowns, half-crowns, shillings and sixpences.... equal to the amount of the silver coins so brought in and delivered as aforesaid, according to the respective denominations of such silver coins, so, that every such person shall have and receive a sum of money equal in its denomination in the new silver coinage to the sum for which the old silver coin brought in shall have passed, according to the denomination thereof, and all such old silver coin so to be brought and delivered into and received at the said mint, shall from time to time be melted down and coined into new silver coins of this realm......

VI. ......and be it enacted, that during the period mentioned in any such Proclamation..... it shall..... be lawful for the Lord High Treasurer or for the commissioners of His Majesty's treasury for the time being, to appoint any number of persons at any place or places through out the United Kingdom for the purpose of receiving all such old current silver coin of the kingdom...... and for exchanging the same for new silver coin..... in manner aforesaid...... and that all such old current silver coin, so to be received by any such persons, ... shall be transmitted..... to His Majesty's mint in London, there to be melted down and coined in manner aforesaid.

VII. And be it further enacted, that from and after the expiration of the period to be mentioned in any such Proclamation.... it shall and may be lawful for any person and persons whomsoever, and all persons are hereby authorized and required, to cut, break or deface, or cause to be cut, broken or defaced, any piece or pieces of old silver coin of this realm current at any time before the passing of this act, which shall be tendered to them or any of them in payment and which shall be of less value than the denomination thereof shall import and the person tendering the same shall bear the loss. But if any such piece so cut, broken or defaced, shall appear to be of the full value which its denomination shall import, the person who shall cut, break or deface the same, shall and is hereby required to take and receive the same at the rate it was coined for......

VIII. ....

IX. .....and be it further enacted, that from and after such day as shall be named and appointed in and by any Proclamation, which shall be made and issued for that purpose by or on behalf of His Majesty...... it shall and may be lawful for any person or persons, native or foreigner, to bring any foreign coin, or any other coin, or reputed coin, plate or bullion of silver in mass, molten or alloyed, or any sort of manufacture of silver, and to deliver the same at His Majesty's mint in London, to be there melted down and coined into current silver coin of this kingdom, and such silver coin, plate, bullion or manufacture so brought or delivered, shall be assayed at the said mint, and melted down and coined with all convenient speed into silver coins of a standard in fineness of 11 oz. 2 dwts. of fine silver and 18 dwts. of alloy in the pound troy and in weight after the rate of sixty six shillings to every pound troy, wether the same be coined in crowns, halfcrowns, shillings or sixpences, or pieces of a lower denomination; and that as soon as conveniently may be after any such silver coin, plate, bullion or manufacture respectively, so brought to the mint, shall be melted and assayed, there shall be delivered to the person bringing in and delivering the same a sum in silver coins.... after the rate of sixty two shillings of the standard fineness and weight hereinbefore mentioned, for every pound troy of standard silver of the fineness aforesaid by such person brought and delivered into the mint and so proportionably for a greater or lesser weight, and that for the defalcation or diminution and for the charge for the assaying, coinage and waste in coinage of all such silver so to be brought to the mint.... there shall and may be retained at the said mint the sum of 4 shillings of the standard and weight aforesaid for every pound troy of such standard silver so brought in and delivered and so proportionably for any greater or lesser weight, making in the whole after the rate of sixty six shillings for every pound troy of such standard silver...

X. And be it further enacted, that an account shall be kept at the mint of the amount of all sums of money arising of the allowance of 4 shillings for every pound silver to be retained at the said mint..... and that all such sums, so retained, shall in the first place be applied in or towards the payment of the expences of the coining of such silver; and the surplus thereof (if any) after the payment of such expences shall be carried to and made part of the consolidated fund.

XI. And whereas at various times heretofore the coins of this realm of gold and silver have been equally a legal tender for payment to any amount, and great inconvenience has arisen from both those precious metals being concurrently the standard measure of value, and equivalent for property, and it is expedient, that the gold coin, made according to the indentures of the mint should henceforth be the sole standard measure of value and legal tender for payment without any limitation of amount, and that the silver coin should be a legal tender to a limited amount only, for the facility of exchange and commerce, be it therefore enacted, that from and after the passing of this act, the gold coin of this realm shall be and shall be considered and is hereby declared to be the only legal tender for payments (except as hereinafter provided) within the United Kingdom of Great Britain and Ireland, and that the said gold coin shall hold such weight and fineness as are prescribed by the present indenture with His Majesty's master and worker of the mint.... and with such allowance, called the remedy, as is given to the master by the said indenture; which weight and fineness are hereby declared to be and shall remain to be the standard of and for the lawful gold coin of the realm so far as relates to gold coins of the denominations at present in use and specified in the said indenture. and in case any gold coin or coins of any other denomination shall hereafter be coined at the said mint under any future indenture, such gold coin and coins shall hold the like standard in fineness as the gold coins of the present denominations, and shall hold such weight as shall be proportionate to the weights of the present gold coins, according to the value, for which such gold coin or coins of any new denomination shall be declared to be current.

XII. And whereas it is expedient, that the silver coin of

the realm should be a legal tender by tale, according to its denomination to any amount not exceeding the sum of 40 shillings, be it therefore enacted, that from and after such day as shall be for that purpose named in any Proclamation, which at any time after the passing of this act shall be made and issued.... so much and such parts of the act, made in the 14. year of His present Majesty's reign, intituled „An act to prohibit the importation of light silver coin..... and to restrain the tender thereof beyond a certain sum" as enacts or provides........, that any tender in silver coin of the realm shall be legal to the amount of Lst. 25, or a tender for a greater sum, according to its value by weight and also so much of any act ad acts, whereby the said last recited act is continued..... shall be and the same is hereby repealed accordingly and that from and after such day as shall be..... named in any such Proclamation to be made.... no tender of payment of money made in the silver coin of this realm of any sum exceeding the sum of

40 shillings

at any once time, shall be reputed a tender in law or allowed to be a legal tender within the United Kingdom..... either by tale or weight of such silver coin or otherwise howsoever.....

XIII. And be it further enacted, that from and after the passing of this act, no person shall.... receive or pay for any gold coin lawfully current within the United Kingdom.... any more or less in value.... than the true lawful value which such gold coin doth or shall by its denomination import; nor shall utter or receive any piece or pieces of gold coin of this realm at any greater or higher rate or value, nor at any lower or less rate or value than the same shall be current for in payment, according to the rates and values declared and set upon them pursuant to law.....

XIV...... XV...... XVI......

XVII. And be it further enacted, that all and every act... in force immediately before the passing of this act, respecting the coin of this realm or the clipping, diminishing.... of the same, or respecting any other matters relating thereto and all provisions, proceedings.... therein contained or directed, not expressly repealed by this act, and not repugnant and contradictory to the enactments and provisions of this act, shall be and continue in full force and effect. and shall be applied and put in execution with respect to the silver coin to be coined in pursuance of the directions of this act, as fully and effectually to all intents and purposes whatsoever, as if the same were repeated and reenacted in this act.

XVIII.......and be it enacted, that nothing in this act contained shall extend or be construed to extend, to affect, alter or repeal any clause, matter or thing in any act or acts made or to be made in the present session of parliament, whereby it is or may be enacted or provided, that the promissory notes of the Gorvernor & Co. of the Bank of England expressed to be payable to bearer on demand (called Bank notes) shall be received for any period in any such act mentioned in payment of all sums of money, which are or shall become payable for any part of the public revenue, and shall be accepted by the collectors, receivers and other officers of the revenue authorized to receive the same, if offered to be so paid, fractional parts of 20 shillings only excepted.

57. Georg. III. ch. 46. (27. 6. 1817.)

An act to prevent the issuing and circulating of pieces of copper or other metal, usually called tokens.

Whereas various pieces of copper and mixed metals composed in part of copper, usually denominated tokens, have lately been and are issued and circulated, by persons residing in various parts of the United Kingdom, in great quantities, as money, and for a nominal value of the metals of which they are composed .... be it enacted ..... that from and after the passing of this act no piece of copper or mixed metal composed in part of copper, of whatever value the same may be, shall be made or manufactured or originally issued as a token for money, or as purporting that the bearer or holder thereof is entitled to demand any value denoted thereon.....

II. And be it further enacted, that from and after the first day of January 1818 no piece of copper or of any mixed metal composed partly of copper, of whatever value the same may be, shall pass or circulate as a token for money or as a purporting that the bearer or holder thereof is entitled to demand any value denoted thereon .... provided, that nothing in this act contained shall extend .... to prevent any person from presenting any such token for payment to the original issuer thereof or to discharge or excuse any such original issuer from the liability to pay the same; provided always that nothing in this act contained shall be construed as affecting any tokens, which have been or may be issued by the Governor & Co. of the Bank of England.

III. And whereas certain tokens made of copper .... and bearing the superscription „Sheffield penny token" were issued from time to time during the years 1812, 1813, 1814 and 1815, by the overseers of the poor of the township of Sheffield in the county of York, and whereas the immediate suppression of the circulation of the aforesaid tokens would be attended with great loss to the said township .... and to the holders thereof, who are for the most part labourers and mechanics as well as with great inconvenience to the inhabitants of the town of Sheffield and the neighbourhood thereof, be it further enacted, that nothing in this act contained shall be construed to prevent such tokens as aforesaid from being passed and circulated at any time previous to the 25. 3. ...... 1823, provided always, that from and after the said 25. 3. 1823 all and every provisions of this act shall be construed to prevent such tokens as aforesaid from being passed and circulated.

IV. And be it further enacted, that in case any token or tokens made of copper .... with the superscription „Sheffield penny token“ and which has .... been issued by the overseers of the poor of the township of Sheffield at any time previous to the passing of this act, shall, after the 25. 3. 1823 and previous to the 25. 9. 1823 be presented to the overseers of the poor of the township of Sheffield .... at the workhouse of the said township, the said overseers shall receive and take such token or tokens .... paying to the holder ..... thereof one penny of the current coin of the realm for each and every token so presented .....

V. And be it further enacted, that in case the overseers .... shall at any time previous to the said 25. 3. 1823 deem it advisable to call in such tokens ... or any amount of them, it shall ... be lawful for them to take such measures as may to them seem necessary for that purpose, paying however for each and every token, so called in, one penny of the current coin of the realm....

VI. And whereas certain other tokens made of copper .... and bearing the superscription „Birmingham, one penny“ were issued from time to time during the years 1811—1815 by the overseers of the poor of the Parish of Birmingham in the county of Warwick, and whereas the immediate suppression of the circulation of the aforesaid tokens would be attended with great loss to the said Parish of B. and to the holders thereof, as well as with great inconvenience to the inhabitants pp...... be it further enacted, that nothing in this act contained shall be construed to prevent such tokens ....from being passed and circulated at any time previous to the 25. 3. 1820......

VII. ....

VIII. ....

57. Georg. III. ch. 113. (11. 7. 1817.)

An act to prevent the further circulation of dollars and tokens, issued by the Governor & Co. of the Bank of England, for the convenience of the Public.

Whereas the Governor & Co. of the Bank of England did in and subsequent to the year 1804 for the convenience of the Public cause to be coined or stamped and circulated a large quantity of silver dollars and by an act, passed in the 10. day of July 1804, intituled „an act to preventing the counterfeiting ......“ all persons counterfeiting the said dollars..... were subjected to the punishment in the said act specified, and whereas the said Governor & Co. did in and subsequent to the year 1811, with the approbation of His Majesty's most Honourable Privy Council, ... issue and circulate for the further convenience of the Public, a quantity of silver pieces called tokens... and whereas, in conseqence of the recent circulation of the new current silver coin, it becomes unnecessary any longer to continue the said dollars and tokens in circulation, and it is expedient to prohibit the further circulation hereof, after a time to be limited, be it therefore enacted, ... that from and after the 25. 3. 1818 the said dollars and tokens shall no longer pass or circulate, or be received in payment or exchange, or otherwise howsoever.... provided that nothing in this act contained shall extend.... to prevent any person or persons from presenting any such dollars and tokens for payment to the Governor & Co. of the Bank of England at any time before the 25. 3. 1820.... or to discharge or excuse the said Governor & Co. from their liability to pay the same before the said 25. 3. 1820. Provided also, that nothing herein contained shall restrain or prevent any person...... after the 25. 3. 1818 from selling or disposing of any such dollars and tokens ..... as old silver according to the weight thereof at the current price of silver, and without regard to the nominal or current value at which the same shall have been circulated......

This time extended by 58. Georg. III. ch. 14.

58. Georg. III. ch. 14. (19. 3. 1818.)

An act to amend an act of the last session of parliament for preventing the further circulation of dollars and tokens issued by the Gorvernor & Co. of the Bank of England.

Whereas by an act .... it was enacted, that from and after the 25. 3. 1818 the dollars and tokens in the said act mentioned should no longer pass or circulate, or be received in payment or exchange... and whereas a considerable quantity of the said dollars and tokens yet remain in circulation, and it is expedient to allow the same to be tendered and received in payment for the purposes hereinafter mentioned, for the period hereinafter specified, be it therefore enacted.... that from and after the said 25. 3. 1818 the said dollars and tokens until the 5. 7. 1818 shall and may pass and circulate and be received in payment or exchange by such persons as shall be willing to accept thereof in like manner as before the passing of the said recited act.... and that it shall and may be lawful for any person or persons from and after the said 5. 7. 1818 and until and upon the 5. 4. 1819 to utter, offer and tender any such dollars or tokens in payment of any taxes, rates or duties under the management of the commissioners of customs or excise, or stampes in Great Britain, or of any postage, or in purchase of any stamp or paper, or in the payment of any rent by the tenants of any land.... or of any parochial or other public rate, or in payment to any banker or bankers, or any common carrier, or to any other person or persons whomsoever, for the purpose of such dollars and tokens being transmitted to the Bank of England. And that any person or persons who shall during the said period respectively offer, utter or tender in payment any such dollars or tokens according to the provisions of this act, shall not be liable to any penalty under the said recited act.....

59. Georg. III. ch. 49. (2. 7. 1819.)

An act to continue the restrictions contained in several acts on payments in cash by the Bank of England, until the 1. 5. 1823 and to provide for the gradual resumption of such payments; and to permit the exportation of gold and silver.

...... whereas it is expedient, that the restrictions on payments in cash by the said Bank should be continued beyond the time to which such restrictions are at present limited and that a definitive period should be fixed for the termination of such restrictions, and that preparatory measures should be taken with a view to facilitate and ensure on the arrival of that period, the payment of the promissory notes..... in the legal coin of the realm, be it therefore enacted..... that the several provisions of the said hereinbefore recited acts.... shall be and the same and every of them is and are hereby further continued until the 1. 5. 1823 and that from and after the said 1. 5. 1823 the restrictions on payments in cash under the said several acts shall finally cease and determine.

II. Provided always and be it further enacted, that at any time on or after the 1. 2. 1820 and before the 1. 10. 1820, whenever any person shall tender to the Governor & Co. of the Bank of England any note or notes of the said Governor & Co. payable on demand to an amount not less than the price or value of sixty ounces of gold, calculated after the rate of Lst. 4 : 1 : — for every ounce of gold, and shall require such note or notes to be paid in Standard gold, the Governor & Co. of the said Bank of England shall, upon demand, pay and deliver to the person tendering such notes, such quantity of gold of the fineness declared by law to be the Standard of and for the lawful gold coin of the realm, the same having first assayed and stamped at His Majesty's mint at London, as shall, at the said rate of Lst. 4 : 1 : — for every ounce of such gold, be equal to the amount of the notes so presented for payment.

III. ..... and be it further enacted, that at any time on or after the 1. 10. 1820. and before the 1. 5. 1821, whenever any person shall tender to the Governor pp. ... any note or notes of the said Governor pp.... payable on demand, to an amount not less than the price or value of 60 oz. of gold, calculated after the rate of Lst. 3 : 19 : 6 for every ounce of gold and shall require, such note or notes to be paid in Standard gold, the Governor pp... shall upon demand pay and deliver to the person.... such quantity of gold...... the same having been first assayed.... as shall at the said rate of Lst. 3 : 19 : 6..... be equal to the amount so presented for payment.

IV. ..... and be it further enacted, that at any time on or after the 1. 5. 1821 and before the 1. 5. 1823, whenever any person shall tender to the Governor pp... any note or notes... to an amount not less thante price or value of 60 oz of gold calculated after the rate of Lst. 3 : 17 : 10½ for every ounce of gold... the Governor pp... shall upon demand pay and deliver to the person.... such quantity of gold.... the same having been first assayed.... as shall, at the said rate.... be equal to the amount of the notes so presented for payment.

V. And be it further enacted, that it shall and may be lawful for the Governor pp... at any time between the said 1. 2. 1820 and the 1. 10. 1820 to pay and deliver to any person, who shal present notes.... such quantitiy of gold.... as shall be equal to the amount of the notes so presented at any rate less than Lst. 4 : 1 : — and not less than Lst. 3 : 19 : 6 for every ounce of gold, and in like manner at any time between the 1. 10. 1820 and the 1. 5. 1821 to pay and deliver such gold at any rate less than Lst. 3 : 19 : 6 and not less than Lst. 3 : 17 : 10½ for every ounce of such gold, provided always, that the Governor pp... shall give three days notice in the London Gazette of their intention to make such payments after such rates, specifying the rates at which such payments shall be made, and provided also, that it shall not be lawful for the Governor pp... at any time after making such payments at the rates mentioned in such notice, to pay or deliver any such gold at a rate higher than the rate mentioned in any such notice....

VI. Provided also, and be it enacted, that the Governor pp... shall not be required or compelled to pay or deliver any such gold, except in ingots or bars of the weight of 60 oz each, assayed and stamped as aforesaid....

VII. Provided also and be it enacted, that it shall and may be lawful for the Governor pp... to pay any fraction less than 40 sh. of any sum so demanded above the value of 60 oz in the lawful silver coin of the realm.

VIII. Provided also and be it further enacted, that the Governor pp... if they shall see fit, may at any time on or after the 1. 5. 1822 pay or exchange the lawful coin of the realm for any note or notes... payable on demand....

IX. And be it further enacted, that the Governor pp... shall from time to time after the passing of this act, and until the 1. 5. 1823, cause a true and perfect account in writing, to be taken and attested by the proper officer, of the average amount of all promissory notes and bills of the said Governor pp... which shall be in circulation during every week from Monday until Saturday both inclusive, distinguishing the respective denominations and values of the several notes and bills, and the average amount of the notes and bills of each denomination and value respectively so in circulation and to cause such account to be transmitted and delivered to one of the clerks of His Majesty's Privy Council, on the Tuesday in every week next ensuing the Saturday to which such account shall be made up. and the said Governor pp... shall also from time to time in like manner cause an account to be taken and attested of the average amount of all promissory notes and bills of the said Governor pp..., which shall be in circulation during every quarter of a year ending on the 5. 7., 10. 10., 5. 1. and 5. 4. in every year after the passing of this act and until the 1. 5. 1823, distinguishing the respective denominations .... and to cause such quarterly account to be published in the London Gazette within one week next after the end of each quarter respectively.

X. And whereas the laws now in force against the melting and exporting the gold and silver coin of the realm have been found ineffectual, and it is expedient, that the traffic in gold and silver bullion should be unrestrained, be it therefore enacted, that from and after the passing of this act, it shall and may be lawful for any person or persons to export the gold or silver coin of the realm to parts beyond the seas and also to melt the gold and silver coin of the realm and to manufacture or export or otherwise dispose of the gold or silver bullion produced thereby.

1 & 2 Georg. IV. ch. 26. (7. 5. 21.)

An act for making further provision for the gradual resumption of payments in cash by the Bank of England.

Whereas by an act passed in the 59. year of the reign of His late Majesty .... it was provided and enacted ... and whereas it is expedient, that on and after the 1. 5. 1821 the said Governor pp... should be enabled, if they shall see fit, to pay any debt or demand, to which they are or shall be subject or liable in the lawful coin of the realm, in manner and under the limitations hereinafter mentioned, be it therefore enacted... that from and after the 1. 5. 1821 it shall be lawful for the Governor pp..., if they shall see fit, and they are hereby authorized, at any time or times to pay any note or notes of the said Governor pp... or any other debt or demand whatsoever, to which the said Governor pp... shall be subject or liable, in the current or lawful coin of the realm.

II. ..... and be it further enacted, that in all cases, where the Governor pp... shall propose or offer to pay any note... or any other debt or demand... in the current and lawful coin of the realm, it shall not be competent to the bearer or bearers of such note or notes, or to the person or persons, to whom any such debt or demand shall be due or payable, to demand payment thereof in ingots or bars of gold....

III. .... and be it further enacted, that nothing in this act contained shall extend... to deprive the bearer... of any note... of the said Governor pp... payable on demand, and which the said Governor pp... shall not propose or offer to pay on demand in the current and lawful coin of the realm, to demand and require payment thereof at any time before the

1. 5. 1823 in ingots or bars of Standard gold of 60 oz each, calculated after the rate of Lst. 3 : 17 : 10½ for every ounce of gold......

IV. ....

V. ... and it is hereby enacted, that the said Governor pp... as often, as any of their notes shall be offered to them in exchange for Lst. 1 notes or for the legal gold coin of the realm, the said Governor pp... shall be required.... to pay on demand to the bearer of the said notes the amount of the notes... either in One Pound notes... or in legal coin of the realm at the option of the said Governor & Co. of the Bank of England.

1. Georg. IV. ch. 92. (24. 7. 1820.)

An act for the further prevention of forging and counterfeiting of bank notes.

I. . . . .

II. . . . .

III. . . . . be it therefore enacted, that all bank notes of the said Governor pp. . . . whereon the name or names of any person or persons intrusted or authorized to sign such notes on behalf of the said Governor pp. . ., shall or may be impressed by machinery provided for the purpose by the said Governor pp. . . and with the authority of the said Governor pp. shall be and be taken to be good and valid to all intents and purposes, as if such notes had been subscribed in the proper handwriting of the person or persons intrusted or authorized by the said Governor pp. . . to sign the same respectively and shall be deemed and taken to be bank notes within the meaning of all laws and statutes whatsoever and shall and may be described as bank notes in all indictments and other criminal and civil proceedings whatsoever. . . .

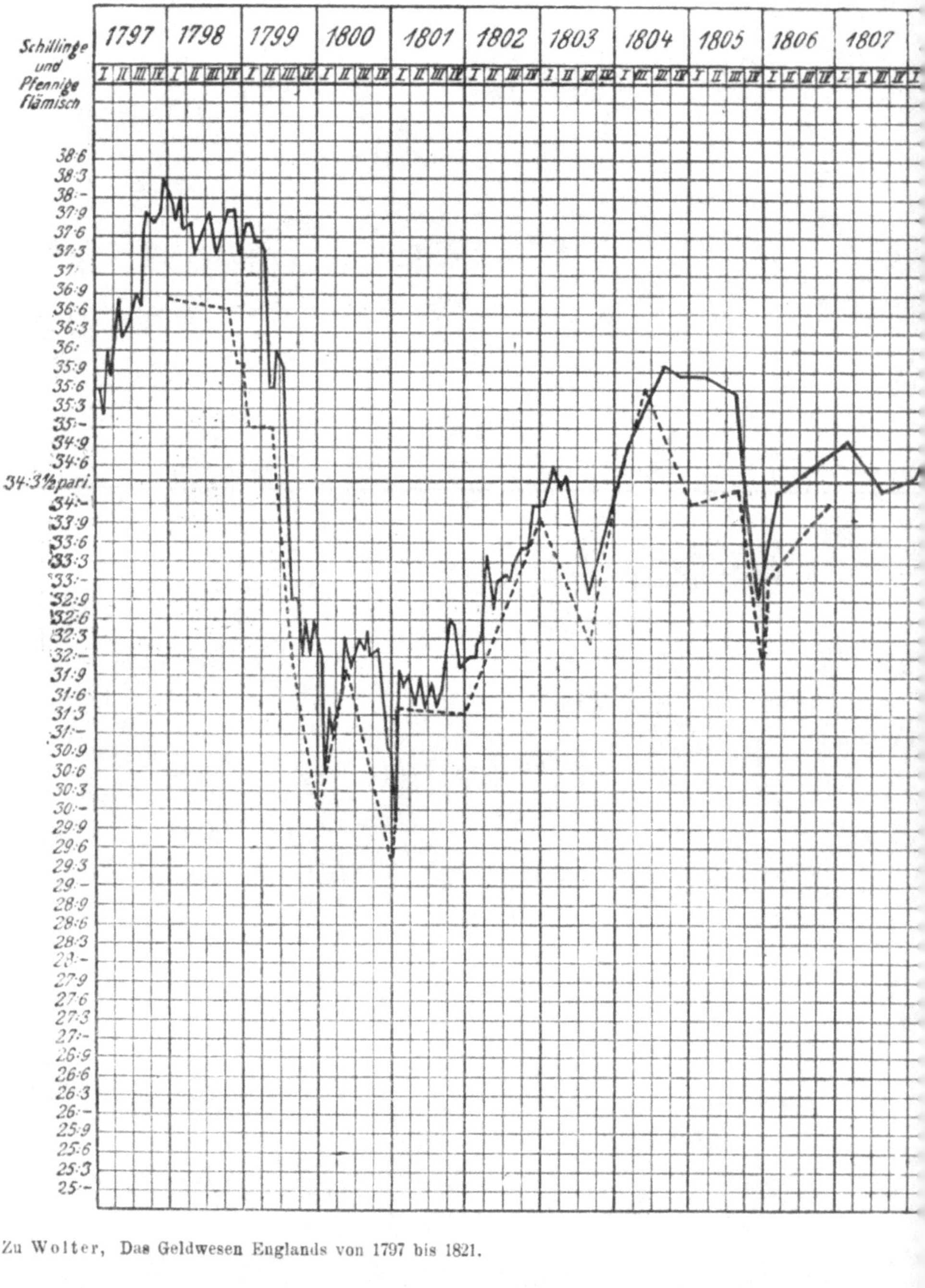

Zu Wolter, Das Geldwesen Englands von 1797 bis 1821.

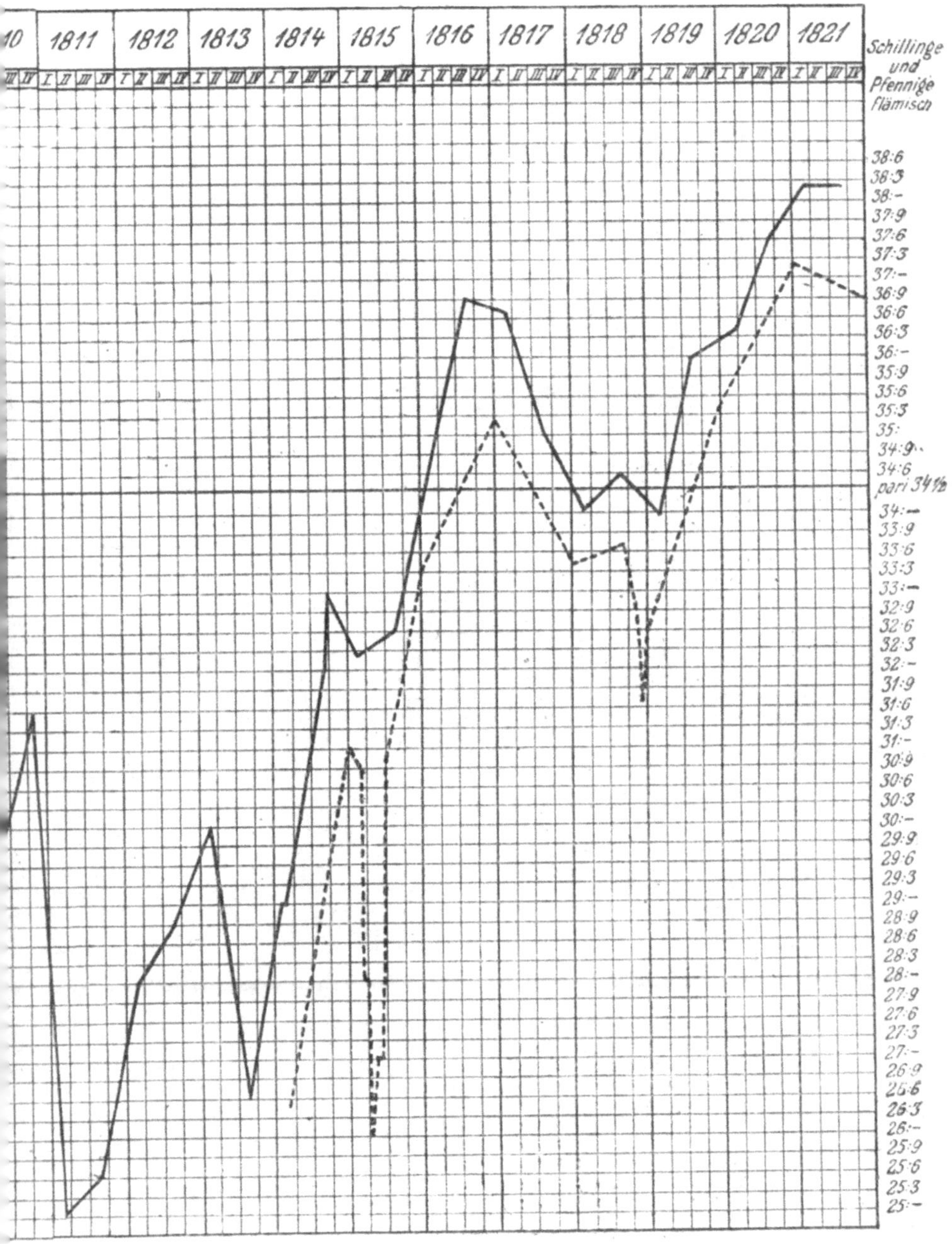

Verlag von Karl J. Trübner in Straßburg.

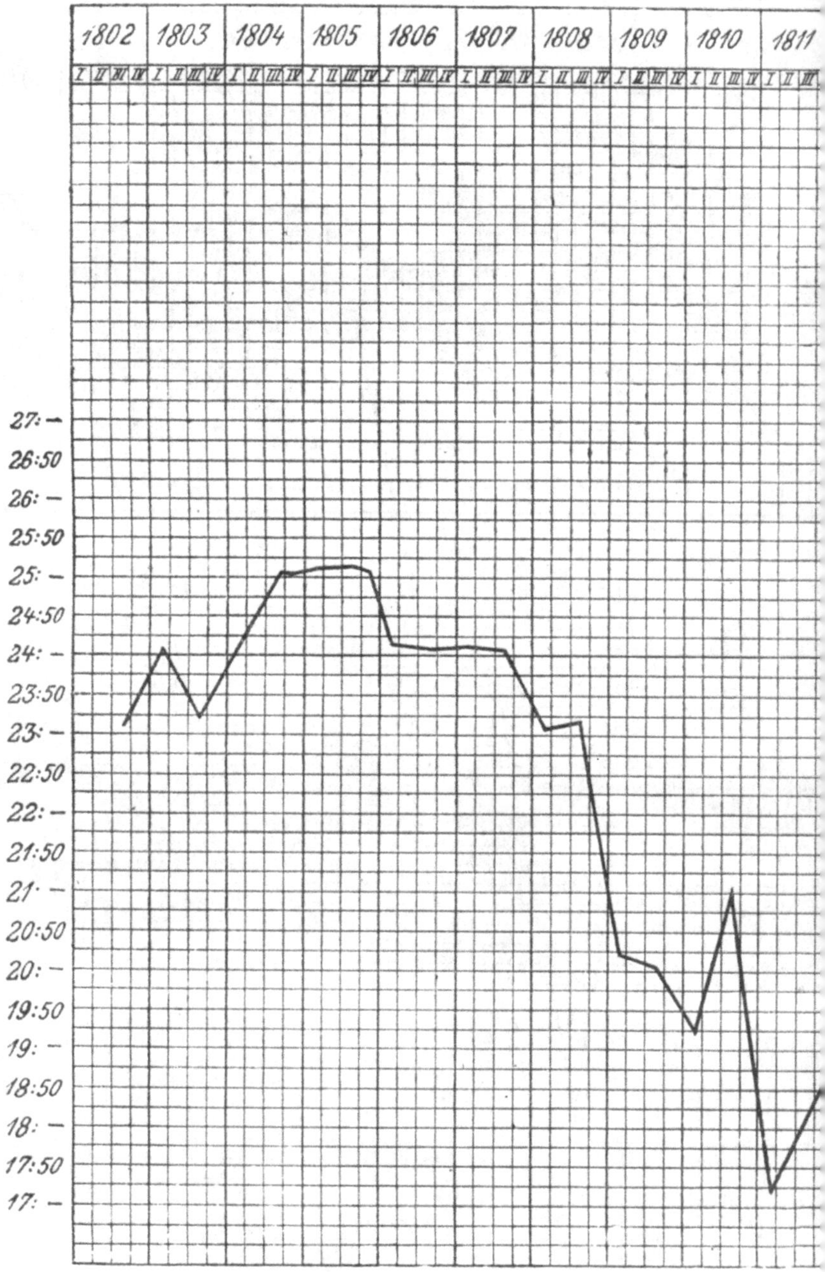

Zu Wolter, Das Geldwesen Englands von 1797 bis 1821.

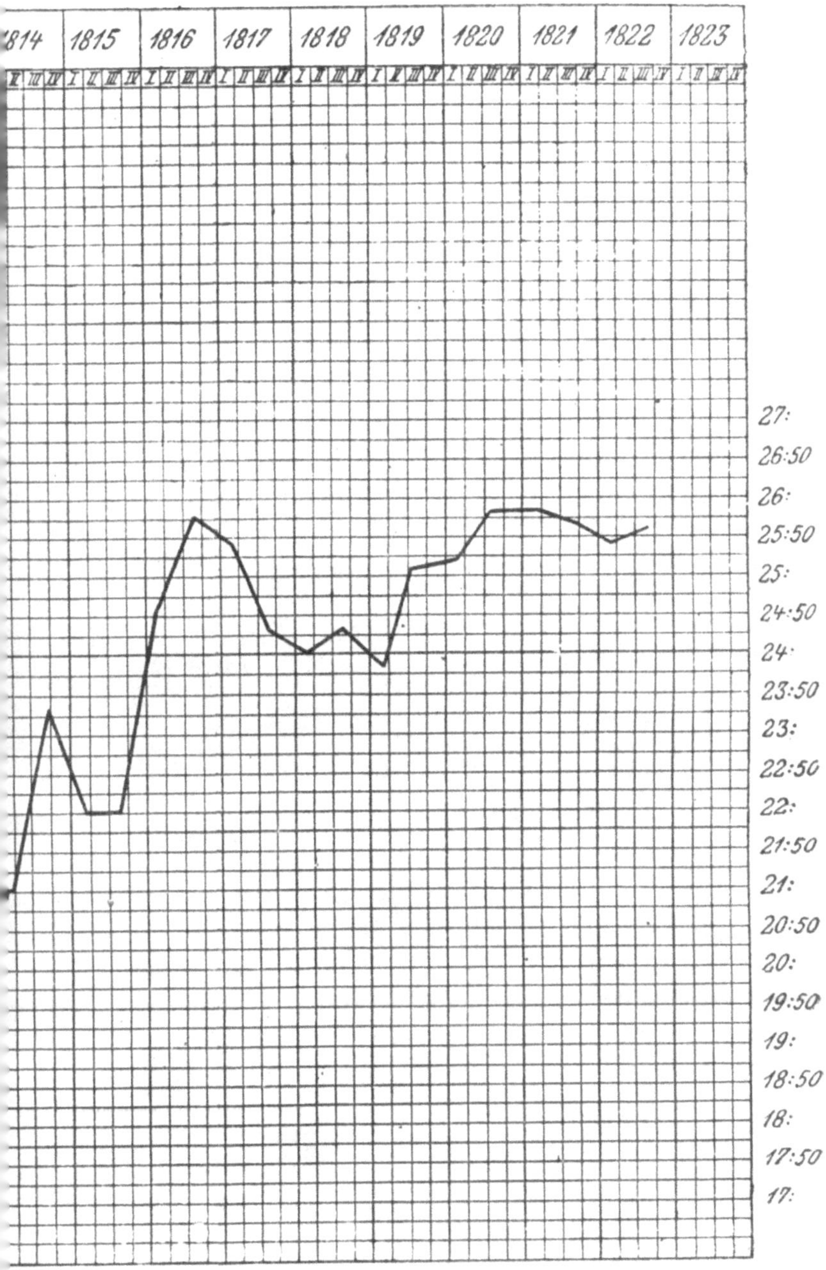

Verlag von Karl J. Trübner in Straßburg.

FSC
www.fsc.org
MIX
Papier | Fördert gute Waldnutzung
FSC® C083411

Kolibri 360 GmbH
Ferdinand-Jühlke-Straße 7
99095 Erfurt, Deutschland
produktsicherheit@kolibri360.de